金工实训基础教程

主　编　吴　鸿　李　衡
副主编　彭　东　刘　毅
参　编　陈　翱　张春梅

机械工业出版社

本书是根据教育部颁布的普通高等学校工程材料及机械制造基础课程“金工实训”的教学基本要求，在认真总结近几年各高校金工实训教学改革经验的基础上，结合编者多年的教学实践经验编写的。

本书以基本概念为基础，结合金工实训操作实例，内容深入浅出。书中包括了工程材料及钢的热处理、铸造、焊接、钳工、车削加工、铣削加工、特种加工和数控加工等方面的知识，对传统内容进行了精选，同时也补充了部分新内容。

本书可作为高等工科院校金工实训的教学用书，也可作为职业院校相关专业师生及有关领域的工程技术人员的参考用书。

图书在版编目（CIP）数据

金工实训基础教程/吴鸿，李衡主编．—北京：机械工业出版社，2018.9（2022.2 重印）

ISBN 978-7-111-60197-5

Ⅰ.①金… Ⅱ.①吴…②李… Ⅲ.①金属加工—实习—职业教育—教材 Ⅳ.①TG-45

中国版本图书馆 CIP 数据核字（2018）第 167290 号

机械工业出版社（北京市百万庄大街 22 号 邮政编码 100037）
策划编辑：陈玉芝 王 博 责任编辑：王 博
责任校对：佟瑞鑫 责任印制：常天培
天津嘉恒印务有限公司印刷
2022 年 2 月第 1 版第 5 次印刷
184mm×260mm · 8.75 印张 · 209 千字
12501—16500 册
标准书号：ISBN 978-7-111-60197-5
定价：38.50 元

电话服务 网络服务
客服电话：010-88361066 机 工 官 网：www.cmpbook.com
010-88379833 机 工 官 博：weibo.com/cmp1952
010-68326294 金 书 网：www.golden-book.com
封底无防伪标均为盗版 机工教育服务网：www.cmpedu.com

前　言

近年来，随着我国高等院校的发展与科技的进步，为满足宽口径人才培养模式和日趋重要的提高实践能力的需要，各工科院校都建立了自己的工程训练中心，并逐步加大资金投入，将金工实训课程发展成为跨学科、体现综合素质和创新能力的现代实践训练课程。因此，金工实训不仅是学生建立加工生产过程概念、学习机械加工基本工艺方法、培养工程意识和工程素质、提高工程实践能力的必修课程，还是学生学习机械加工系列课程必不可少的先修课程，也是获得机械制造基础知识的基础课程。

本书是以金属工艺学为基础，把传统与先进制造技术基础联系在一起，宽口径、涉及不同学科的金工实训教材。在训练内容上，结合教学和工程实际特点，在传统学习内容的基础上进行了适当的整合规划，充实了新技术、新工艺的相关内容。

在编写本书的过程中，本着加强基础、重视实践、优化传统内容、增加现代制造内容的原则，精选了实用的案例，具有体系新颖、内容精练、图文并茂、情景化、紧密结合工程实际等特点。本书以培养学生具有分析问题和解决问题的能力为目标，使其正确掌握金属的主要加工方法。本书注重引导学生掌握知识和技能，使学生通过观察这些操作过程的变化获取新知识或验证已学的知识。

本书由西南科技大学城市学院长期从事机械制造基础课教学和指导金工实训教学的具有丰富理论与实践经验的教师和工程技术人员编写。其中，吴鸿、李衡任主编，彭冬、刘毅任副主编，陈翱和张春梅参加编定，全书由吴鸿统稿。

由于编者水平所限，书中难免有不足和错误之处，恳请读者批评指正。

编　者

目　录

第1章　概　　述

1.1　金工实训的目的

金工实训是现代高等工程教育的重要组成部分，是学生获得工程实践知识，建立工程意识，培养操作技能的主要教育形式。该训练的目标和定位为：满足学生基本工程训练和基础创新训练的需要，注重“基础、工程、训练和开放”的内涵，为大学生提供实实在在的工程背景，提供德育教育和综合素质教育的良好场所；着力培养学生的工程实践能力、综合工程素质、创新精神、创新思维和初步的创新能力；为后续的现代工程系统训练提供层面宽、内涵丰富、稳固扎实的“基础”支撑平台。

通过工程材料基础、材料成形与热处理、基本制造技术、数控加工基础等训练，使学生掌握基本操作技能，并培养安全意识、质量意识、环境意识及管理意识等在课堂上无法体会的工程意识。强调学生的实际动手训练，切实提高学生的工程素质和实际动手能力。

金工实训的主要任务包括以下三个方面：

1）建立起对机械制造生产基本过程的感性认识，学习机械制造基础工艺知识，了解机械制造基础生产设备。通过对机械制造一般过程的学习和实践，对典型工业产品的结构、设计、制造及过程管理有一个基本的、完整的体验和认识。在学习中学生将熟悉各种加工方法、工艺技术、图样文件，了解加工工艺过程、工程术语和工种安全知识。通过对该课程的学习，学生可为以后学习有关专业技术基础课、专业课、毕业设计及毕业从事实际工作打下良好基础。

2）增强学生实践动手能力。金工实训是学生和机电设备实践操作的初级实践教学。在学习中，学生将会参加生产实践，使用各种工具、夹具，具有独立对简单零件初步选择加工方式和进行工艺分析的能力，在主要工种方面能够独立完成简单零件的加工制造，具有在规定工艺试验中进行实践的能力，初步奠定工程师所具有的基础知识和基本技能。

3）充分利用实习工厂学、研、产结合的良好条件，全面开展素质教育，树立学生的责任意识、安全意识、团队意识、环保意识、创新意识、经济意识、管理意识、市场意识、竞争意识、法律意识和社会意识等综合工程素质。初步培养学生在生产实践中调查、观察问题的能力，以及运用所学知识分析和解决工程实际问题的能力，这是全面开展素质教育不可缺少的重要组成部分，是为提高人才综合素质，培养高质量人才需要完成的一项重要任务。

1.2　金工实训的内容

金工实训的内容包括以下三个方面：

1）基础理论知识方面。通过实践操作训练，培养学生机械加工的基础知识、实践操作设备的工作原理、设备组成、基本排障方法。

2）基本操作技能方面。在实训加工中对各种加工方法要达到初步动手操作的水平，如对车床、铣床的操作，钳工的锯、锉等。熟悉机械设备的基本调试及常见故障处理方法。

3）各项实训及注意事项。按要求加工出工件，并切实了解注意事项，比如安全注意事项、设备操作性能等。

任何设备和机器都是由相应的零件组合而成的。只有制造出满足技术要求的零件，才能装配出合格的设备。通常将原材料经过铸造、锻造、冲压、焊接等方式制成毛坯，再经过切削加工成零件，最后进行装配和调试。根据零件的技术要求，在制作过程中还会穿插不同的特殊工艺，比如热处理工艺等。

1.3 金工实训的要求及考核办法

考核是整个金工实训很重要的一个环节。合适的考核办法不仅是对学生实训效果的检测，也是衡量指导老师能力的一种方式。实训成绩按以下内容评定：

（1）实践考核　考核学生在实训期间操作设备的规范性，完成工件的质量。考核学生在上课期间有无迟到、早退、缺席、请假现象，服饰要求是否达标。通过现场答辩、随堂测试检验等考核学生上课积极性。该考核可根据实际情况制定适当的评分规则。实践考核若有2个工种不合格，给予补考机会一次，若补考不合格，则总成绩不合格。3个及以上工种不合格，直接视为总成绩不合格，无补考机会。

（2）理论考核　考核学生应熟悉和掌握理论知识的情况，采取一次性确定成绩的考核办法，考试作弊的视为0分，总成绩不合格，无补考资格。考核实践报告册，实践报告相似度较高的则均记0分，总成绩不合格，无补考资格。

（3）成绩评定　总成绩评定分为两部分，实践考核和理论考核，实践考核占总分的80%，理论考核占总分的20%。成绩比例分配：学生个人成绩按通过考核总参训学员的比例分配，前20%为优秀，20%~40%为良好，40%~70%为一般，其余为及格。班级评比，按该班加权平均数评比，具体加分扣分办法由实训基地酌情调整拟定。总成绩不合格的由教务处安排重学。

1.4 金工实训的相关制度

1. 金工实训学生守则

1）金工实训是学生实践教学的重要组成部分，因此学生务必端正学习思想态度，认真努力完成实训。

2）实训前务必服从实训基地的教学安排和部署，认真做好实训准备，比如认真预习实训内容、准备好实训教材、实训练习手册等。

3）必须严格遵守实训考勤制度，不得迟到、早退、缺席，有特殊情况必须请假，未经许可不得擅自离开。

4）实训服饰要求，进入实训基地，不要穿露出脚的鞋子，比如拖鞋、凉鞋等，长发女生不要披散头发，头发不要遮住眼睛，不要穿裙子，不要穿低裆裤，不要留长指甲。

5）进入实训基地后，一切服从老师安排，未经老师允许不得擅自动用机械设备，比如：打开设备，乱拔插头，将工具当成玩具嬉戏打闹等。

6）必须做到实训期间虚心学习，认真揣摩，不确定的问题第一时间询问老师，不得擅自想当然处理。

7）打开设备之前，务必清楚设备、工具的性能、操作方法及突发问题处理办法。

8）操作设备必须规范，严格遵守安全操作规程，不准违规操作。

9）实训期间务必按规定穿戴好劳保用品，应在指定位置训练，未经允许不得擅自串岗及做与实训无关的事。

10）爱护机器设备、工具、量具。实训选材以节俭为主，不得随意浪费。按质、按量独立完成实训工件及实训作业，严禁抄袭及以他人的冒充。

11）每天实训结束后，应进行设备保养，将工具放回原位，将加工工件放在指定位置，打扫场地，实训老师检验合格后方可离场。

以上学生守则实训学生务必遵守，如有违反，轻者由实训老师酌情批评处理，情节严重者直接取消实训资格，成绩视为不合格；若造成安全事故，除进行经济赔偿外，还要追究其他责任。

2. 金工实训重修规则

1）实训期间严禁迟到、早退、缺席，实训期间请假天数超过实训总天数1/4的直接视为成绩无效，需进行重修，重修成绩按实考成绩记录。

2）实训期间严重违纪的，直接进入重修程序。

3）重修学生按学校安排，按时到指定重修地点接受重修。重修期间应遵守一切实训教学安排，如有违反取消重修资格，不再安排重修。

1.5 金工实训安全守则

实训安全是学校工作平稳运行的基础，是“以人为本”的基本要求，是“和谐社会”的重要表现。因此，安全管理在金工实训工作中处于特别重要的位置。

金工实训安全守则如下：

1）金工实训过程中，必须学习安全制度，并以适当方式进行必要的安全考核。

2）绝对服从实训老师的指挥，树立安全意识和自我保护意识，确保充足的体力和精力。

3）不准穿拖鞋、短裤或裙子参加实习，女同学须戴工作帽。实习时必须按工种要求佩戴防护用品。

4）操作时必须精神集中，不准闲谈、阅读书刊和收听广播。

5）不准在车间内追逐、打闹、喧哗。

6）学生除在指定的设备上进行实习外，其他一切设备、工具，未经同意不准私自动用。

7）现场教学和参观时，必须服从组织安排，注意听讲，不得随意走动。

8）不准在起重机吊物运行路线上行走和停留。

9）实习中如发生事故，应立即拉下电闸或关上有关开关，并保持现场，报告实习指导技术人员（较大事故需会同中心负责人），查明原因，处理完毕后，方可再进行实训。

第 2 章　工程材料及钢的热处理

材料是人类用于制造物品、器件、构件、机器或其他产品的物质。材料的化学成分不同，其性能也大不相同。常见的工程材料可分为金属材料、非金属材料、高分子材料和复合材料四大类。目前，用于机械制造的材料有上千种，常用的也有上百种，并且还有许多新的材料不断地被创造出来。要想在众多材料中做出正确的选择，既保证其使用性能，又便于加工，就必须了解这些材料，认识这些材料。本章将重点介绍金属材料的分类、性能、用途及钢的热处理。

2.1　工程材料基础知识

1. 金属材料

金属材料是最重要的工程材料，包括金属和以金属为基的合金。工业上把金属及其合金分为两大部分：①黑色金属材料，铁和以铁为基的合金（钢、铸铁和铁合金）；②有色金属材料，黑色金属以外的所有金属及其合金。有色金属按照性能和特点可分为轻金属、易熔金属、难熔金属、贵金属、稀土金属和碱土金属。

2. 非金属材料

非金属材料包括耐火材料、耐火隔热材料、耐蚀（酸）非金属材料和陶瓷材料等。

(1) 耐火材料　耐火材料是指能承受高温下作用而不易损坏的材料，常用的耐火材料有耐火砌体材料、耐火水泥及耐火混凝土。

(2) 耐火隔热材料　耐火隔热材料又称为耐热保温材料，常用的耐火隔热材料有硅藻土、硅石、玻璃纤维（又称矿渣棉）、石棉以及它们的制品。

(3) 耐蚀（酸）非金属材料　耐蚀（酸）非金属材料的组成主要是金属氧化物、氧化硅和硅酸盐等，在某些情况下它们是不锈钢和耐蚀合金的理想代用品。常用的耐蚀（酸）非金属材料有铸石、石墨、耐酸水泥、天然耐酸石材和玻璃等。

(4) 陶瓷材料　陶瓷是由天然或人工合成的粉状矿物原料和化工原料，经过成形和高温烧结工艺制成的。陶瓷的弹性模量一般都较高，极难变形。陶瓷的硬度很高，绝大多数陶瓷的硬度远高于金属。陶瓷的耐磨性好，是制造各种有特殊要求的易损零部件的理想材料。陶瓷的抗拉强度低，但抗弯强度较高，抗压强度更高。陶瓷的高温强度一般优于金属，在1000℃以上的高温下仍能保持其室温下的强度，而且高温抗蠕变能力强，是工程上常用的耐高温材料。

3. 高分子材料

高分子材料具有较高的强度，良好的塑性，较强的耐蚀性，很好的绝缘性和重量轻等优良性能。高分子材料一般分天然和人工合成两大类。通常根据力学性能和使用状态将工程高分子材料分为塑料、橡胶和合成纤维三大类。

常见的加聚树脂有聚乙烯（PE）、聚氯乙烯（PVC）、聚苯乙烯（PS）、ABS 树脂、聚醋酸乙烯酯（PVAC）、聚丙烯（PP）和聚甲基丙烯酸甲酯（PMMA）等。

高分子材料的基本性能及特点：①质轻；②比强度高；③有良好的韧性；④减摩及耐磨性好；⑤电绝缘性好；⑥耐蚀性强；⑦导热系数小；⑧易老化；⑨易燃；⑩耐热性差；⑪刚度低。

4. 复合材料

复合材料按基体材料类型可分为有机材料基、无机非金属材料基和金属基复合材料三大类；按增强体类型可分为颗粒增强型、纤维增强型和板状增强型复合材料三大类；按用途可分为结构复合材料与功能复合材料两大类；以增强纤维类型分为碳纤维复合材料、玻璃纤维复合材料、有机纤维复合材料、复合纤维复合材料和混杂纤维复合材料等。

与普通材料相比，复合材料具有许多优异特性，具体表现在：①高比强度和高比模量；②耐疲劳性高；③抗断裂能力强；④减振性能好；⑤高温性能好、抗蠕变能力强；⑥耐蚀性好；⑦复合材料还具有较优良的减摩性、耐磨性、自润滑性和耐蚀性等特点，而且复合材料构件制造工艺简单，表现出良好的工艺性能，适合整体成形。

2.2　金属材料

2.2.1　金属材料的力学性能

金属材料的性能包括使用性能和工艺性能。使用性能是指金属材料在使用过程中应具备的性能，包括力学性能（强度、塑性、硬度、冲击韧性、疲劳强度等）、物理性能（密度、熔点、热膨胀性、导热性、导电性等）和化学性能（耐蚀性、抗氧化性等）。工艺性能是金属材料从冶炼到成品的生产过程中，适应各种加工工艺（如：冶炼、铸造、冷热压力加工、焊接、切削加工、热处理等）应具备的性能。

金属材料的力学性能是指金属材料在载荷作用时所表现的性能，这些性能是机械设计、材料选择、工艺评定及材料检验的主要依据。

2.2.2　碳素钢、铸铁

1. 碳素钢

碳素钢简称为碳钢，是指含碳量 $w(\mathrm{C})<2.11\%$ 的铁碳合金。碳钢除含碳外一般还含有少量的硅、锰、硫、磷。按用途可以把碳钢分为碳素结构钢、碳素工具钢和易切削结构钢三类。

碳素结构钢又分为建筑结构钢和机器制造结构钢两种。按含碳量可以把碳钢分为低碳钢［$w(\mathrm{C})\leqslant 0.25\%$］、中碳钢［$w(\mathrm{C})=0.25\%\sim 0.6\%$］和高碳钢［$w(\mathrm{C})>0.6\%$］。

按磷、硫含量可以把碳钢分为普通碳素结构钢（含磷、硫较高）、优质碳素结构钢（含磷、硫较低）和高级优质钢（含磷、硫更低）。一般碳钢中含碳量较高则硬度越高，强度也越高，但塑性较低。

（1）碳素结构钢　碳素结构钢根据质量分为普通碳素结构钢和优质碳素结构钢。

1）普通碳素结构钢的平均含碳量为 0.06%～0.38%，钢中的有害物质和非金属夹杂物较多，通常轧制成钢板或各种型材（圆钢、方钢、工字钢、钢筋等）。其常见参数见表 2-1。

普通碳素结构钢的牌号有代表屈服强度的汉语拼音字母+屈服强度数值+质量等级符号+脱氧方法符号等。牌号中“Q”为“屈”字汉语拼音首字母；A、B、C、D 表示质量等级，它反映了碳素结构钢中有害杂质（磷、硫）含量的多少，C、D 级磷、硫含量最低，质量好，可作为重要焊接结构钢。

脱氧方法用符号表示：F 表示沸腾钢，Z 表示镇静钢，TZ 表示特殊镇静钢。

表 2-1　普通碳素结构钢常见参数

牌号	等级	w(C)（%）	脱氧方法	抗拉强度/MPa	应用举例
Q195		≤0.12	F，Z	315~430	塑性较高，有一定的强度，在机械制造中用于制作铆钉、螺钉、地脚螺栓、轴套、开口销及焊接结构件
Q215	A	≤0.15	F，Z	335~450	
	B				
Q235	A	≤0.22	F，Z	370~500	强度较高，塑性和韧性较好，可用于制作螺栓、螺母、拉杆、连杆、吊钩、心轴、联轴器和不太重的机械零件以及建筑、桥梁等结构件
	B	≤0.20			
	C	≤0.17	Z		
	D		TZ		
Q275	A	≤0.24	F，Z	410~540	属于中碳钢，用于制作较高强度的转轴、链轮、螺栓、螺母、齿轮、键等机械零件
	B	≤0.22	Z		
	C	≤0.20			
	D		TZ		

2）优质碳素结构钢中硫、磷含量很低，非金属夹杂物也较少，一般是在热处理后使用。优质碳素结构钢的牌号中两位数字为以平均万分数表示的碳的质量分数，如 40 钢表示 $w(\mathrm{C})=0.40\%$。根据钢中锰的含量不同，分为普通含锰量钢［$w(\mathrm{Mn})<0.80\%$］和较高含锰量钢［$w(\mathrm{Mn})=0.70\%\sim1.00\%$］。

（2）碳素工具钢　这类钢的碳的质量分数 $w(\mathrm{C})=0.65\%\sim1.35\%$，分为优质碳素工具钢与高级优质碳素工具钢两类。牌号后加“A”的属于高级优质钢［$w(\mathrm{S})\leqslant0.020\%$，$w(\mathrm{P})\leqslant0.030\%$］；对平炉冶炼的钢，［$w(\mathrm{S})\leqslant0.025\%$］。这类钢的牌号、成分及用途见表 2-2。

表 2-2　碳素工具钢的牌号、化学成分及用途

牌号	化学成分（质量分数,%）			用　途　举　例
	C	Si	Mn	
T7 T7A	0.65~0.74	≤0.35	≤0.40	承受冲击、韧性较好、硬度适当的工具，如扁铲、手钳、大锤、旋具、木工工具
T8 T8A	0.75~0.84	≤0.35	≤0.40	承受冲击、要求较高硬度的工具，如冲头、压缩空气工具、木工工具

（续）

牌号	化学成分（质量分数,%）			用 途 举 例
	C	Si	Mn	
T8Mn	0.80~0.90	≤0.35	0.40~0.60	同 T8，但淬透性较大，可用于制作断面较大的工具
T9 T9A	0.85~0.94	≤0.35	≤0.40	韧性中等、硬度高的工具，如冲头、木工工具、凿岩工具
T10 T10A	0.95~1.04	≤0.35	≤0.40	不受剧烈冲击、高硬度耐磨的工具，如车刀、刨刀、冲头、丝锥、钻头、手锯条、小型冷冲模
T11 T11A	1.05~1.14	≤0.35	≤0.40	不受剧烈冲击、高硬度耐磨的工具，如车刀、刨刀、冲头、丝锥、钻头、手锯条
T12 T12A	1.15~1.24	≤0.35	≤0.40	不受冲击、要求高硬度高耐磨的工具，如锉刀、刮刀、精车刀、丝锥、量具
T13 T13A	1.25~1.35	≤0.35	≤0.40	同 T12，要求更耐磨的工具，如刮刀、剃刀

此类钢在机械加工前一般进行球化退火，组织为铁素体基体+细小均匀分布的粒状渗碳体，硬度≤217HBW。作为刃具，最终热处理为淬火+低温回火，组织为回火马氏体+粒状渗碳体+少量残留奥氏体。其硬度可达 60~65HRC，耐磨性和加工性都较好，价格又便宜，生产上得到广泛应用。

碳素工具钢的缺点是热硬性差，当刃部温度高于 250℃时，其硬度和耐磨性会显著降低。此外，钢的淬透性也低，并容易产生淬火变形和开裂。因此，碳素工具钢大多用于制造刃部受热程度较低的手用工具和低速、小进给量的机用工具，或制作尺寸较小的模具和量具。

（3）铸造碳钢　铸造碳钢一般用于制造形状复杂、力学性能要求比铸铁高的零件，例如水压机横梁、轧钢机机架、重载大齿轮等。此类机件，用锻造方法难以生产，用铸铁又无法满足性能要求，只能用碳钢采用铸造方法生产。

铸造碳钢中碳的质量分数一般为 $w(\mathrm{C})=0.15\%\sim0.60\%$。碳的质量分数过高则塑性差，易产生裂纹。一般工程用铸造碳钢件的牌号、成分和力学性能见表 2-3。

表 2-3　一般工程用铸造碳钢件的牌号、成分和力学性能

牌　号	主要化学成分（质量分数,%）					室温力学性能（≥）				
	C	Si	Mn	P	S	$R_{eH}(R_{p0.2})$/MPa	σ_b/MPa	A_5(%)	Z(%)	A_{KV}/J
ZG200~400	0.20	0.60	0.80	0.035		200	400	25	40	30
ZG230~450	0.30	0.60	0.90	0.035		230	450	22	32	25
ZG270~500	0.40	0.60	0.90	0.035		270	500	18	25	22

（续）

牌　号	主要化学成分（质量分数,%）					室温力学性能（≥）				
	C	Si	Mn	P	S	$R_{eH}(R_{p0.2})$/MPa	σ_b/MPa	A_5（%）	Z（%）	A_{KV}/J
ZG310～570	0.50	0.60	0.90	0.035		310	570	15	21	15
ZG340～640	0.60	0.60	0.90	0.035		340	640	10	18	10

1）ZG200-400 有良好的塑性、韧性和焊接性，用于制作承受载荷不大，要求韧性的各种机械零件，如机座、变速器壳等。

2）ZG230-450 有一定的强度和较好的塑性、韧性，焊接性良好，可加工性尚可，用于制作承受载荷不大，要求韧性的各种机械零件，如砧座、外壳、轴承盖、底板、阀体、犁柱等。

3）ZG270-500 有较高的强度和较好的塑性，铸造性能良好，焊接性尚好，可加工性佳，用途广泛，用于制作轧钢机机架、轴承座、连杆、箱体、缸体等。

4）ZG310-570 强度和可加工性良好，塑性和韧性较低，用于制作承受载荷较高的各种机械零件，如大齿轮、缸体、制动轮、辊子等。

5）ZG340-640 有高的强度、硬度和耐磨性，可加工性中等，焊接性较差，流动性好，裂纹敏感性较大，可用制作齿轮、棘轮等。

2. 铸铁

铸铁是 $w(\mathrm{C})\geqslant2.11\%$的铁碳合金，合金中含有较多的硅、锰等元素，使碳在铸铁中大多数以石墨形式存在。铸铁具有优良的铸造性能、可加工性、减摩性与消震性和低的缺口敏感性，而且熔炼铸铁的工艺与设备简单、成本低。目前，铸铁仍然是工业生产中最重要工程材料之一。

根据铸铁中石墨形态铸铁可分为：灰铸铁（石墨以片状形式存在）、球墨铸铁（石墨以球状形式存在）、蠕墨铸铁（石墨以蠕虫状形式存在）、可锻铸铁（石墨以团絮状形式存在）。

（1）灰铸铁　灰铸铁的力学性能主要取决于基体组织和石墨存在形式。灰铸铁中含有比钢更多的硅、锰等元素，这些元素可溶于铁素体而使基体强化，因此，其基体的强度与硬度不低于相应的钢。但由于片状石墨的强度、塑性、韧性几乎为零，所以铸铁的抗拉强度、塑性、韧性比钢低。石墨片越多，尺寸越粗大，分布越不均匀，铸铁的抗拉强度和塑性就越低。由于石墨的存在，灰铸铁的抗压强度较好。为了提高灰铸铁的力学性能，生产上常采用孕育处理，即在浇注前往铁液中加入少量孕育剂（硅铁或硅钙合金），使铁液在凝固时产生大量的人工晶核，从而获得细晶粒珠光体基体加上细小均匀分布的片状石墨的组织。经孕育处理后的铸铁称为孕育铸铁。

孕育铸铁具有较高的强度和硬度，具有断面缺口敏感性小的特点，因此孕育铸铁常用于制作力学性能要求较高且断面尺寸变化大的大型铸件，如机床床身等。

灰铸铁具有良好铸造性能、可加工性、减摩性和消震性，对缺口的敏感性较低。灰铸铁的牌号、力学性能及用途（摘自 GB/T 9439—2010），见表 2-4。

（2）球墨铸铁　由于球墨铸铁中石墨呈球状，对金属基体的割裂作用较小，使球墨铸铁的抗拉强度、塑性和韧性、疲劳强度高于其他铸铁。球墨铸铁有一个突出优点是其屈强比较高，因此对于承受静载荷的零件，可用球墨铸铁代替铸钢。

球墨铸铁的力学性能比灰铸铁高，而成本却接近于灰铸铁，并保留了灰铸铁的优良铸造性能、可加工性、减摩性和缺口不敏感等性能。因此它可代替部分钢用于制作较重要的零件，对实现以铁代钢，以铸代锻起到重要的作用，具有较大的经济效益。

表 2-4　灰铸铁的牌号和力学性能及用途（摘自 GB/T 9439—2010）

牌号	铸件壁厚/mm		最小抗拉强度 R_m（强制性值）		铸件本体预期抗拉强度 R_m(min)/MPa
	>	≤	单铸试棒/MPa	附铸试棒或试块/MPa	
HT100	5	40	100	—	—
HT150	5	10	150	—	155
	10	20		—	130
	20	40		120	110
	40	80		110	95
	80	150		100	80
	150	300		90	—
HT200	5	10	200	—	205
	10	20		—	180
	20	40		170	155
	40	80		150	130
	80	150		140	115
	150	300		130	—
HT225	5	10	225	—	230
	10	20		—	200
	20	40		190	170
	40	80		170	150
	80	150		155	135
	150	300		145	—
HT250	5	10	250	—	250
	10	20		—	225
	20	40		210	195
	40	80		190	170
	80	150		170	155
	150	300		160	—
HT275	10	20	275	—	250
	20	40		230	220
	40	80		205	190
	80	150		190	175
	150	300		175	—

（续）

牌号	铸件壁厚/mm		最小抗拉强度 R_m（强制性值）		铸件本体预期抗拉强度 R_m（min）/MPa
	>	≤	单铸试棒/MPa	附铸试棒或试块/MPa	
HT300	10	20	300	—	270
	20	40		250	240
	40	80		220	210
	80	150		210	195
	150	300		190	—
HT350	10	20	350	—	315
	20	40		290	280
	40	80		260	250
	80	150		230	225
	150	300		210	—

注：1. 当铸件壁厚超过300mm时，其力学性能由供需双方商定。

2. 当某牌号的铁液浇注壁厚均匀、形状简单的铸件时，壁厚变化引起抗拉强度的变化，可从本表查出参考数据。当铸件壁厚不均匀，或有型芯时，此表只能给出不同壁厚处大致的抗拉强度值，铸件的设计应根据关键部位的实测值进行。

3. 表中斜体字数值表示指导值，其余抗拉强度值均为强制性值，铸件本体预期抗拉强度值不作为强制性值。

2.2.3 合金钢的分类与编号

1. 合金钢的分类

按合金元素总的质量分数分为低合金钢（合金元素总的质量分数<5%）、中合金钢（合金元素总的质量分数=5%~10%）、高合金钢（合金元素总的质量分数>10%）；按钢中主要合金元素种类不同，又可分为锰钢、铬钢、硼钢、铬镍钢、铬锰钢等；按用途分为合金结构钢、合金工具钢、特殊性能钢；按正火后组织分铁素体钢、奥氏体钢、莱氏体钢等。

2. 合金钢的编号方法

（1）低合金高强度结构钢　其牌号由代表屈服强度的汉语拼音字母（Q）、屈服强度数值、质量等级符号（A、B、C、D、E）三个部分按顺序排列。例如Q390A，表示屈服强度为390MPa、质量等级为A的低合金高强度结构钢。

（2）合金结构钢　其牌号由两位数字+元素符号+数字组成。前面两位数字代表钢中以平均万分数表示的碳的质量分数，元素符号表示钢中所含的合金元素，元素符号后面数字表示该元素的平均质量分数的百倍。合金元素的平均质量分数<1.5%时，一般只标明元素而不标明数值；当平均质量分数≥1.5%、≥2.5%、≥3.5%等时，则在合金元素后面相应地标出2，3，4等。例如40Cr，其平均碳的质量分数 $w(C)=0.4\%$，平均铬的质量分数 $w(Cr)<1.5\%$。如果是高级优质钢，则在牌号的末尾加“A”。例如38CrMoAlA钢，则属于高级优质合金结构钢。

（3）滚动轴承钢　在牌号前面加“G”（“滚”字汉语拼音的首位字母），后面数字表示铬的质量分数的千倍，其碳的质量分数不标出。例如GCr15钢，就是平均铬的质量分数 $w(Cr)=1.5\%$的滚动轴承钢。铬轴承钢中若含有除铬外的其他合金元素，则这些元素的表示方法同一般的合金结构钢。滚动轴承钢都是高级优质钢，但牌号后不加“A”。

（4）合金工具钢　这类钢的编号方法与合金结构钢的区别仅在于：当 $w(C)<1\%$时，用一位数字表示碳的质量分数的千倍；当碳的质量分数 $w(C)\geq1\%$时，则不予标出。例如 Cr12MoV 钢，其平均碳的质量分数为 $w(C)=1.45\%\sim1.70\%$，所以不标出；Cr 的平均质量分数为 12%，Mo 和 V 的质量分数都是小于 1.5%。又如 9SiCr 钢，其平均 $w(C)=0.9\%$，平均 $w(Cr)<1.5\%$。不过高速工具钢例外，其平均碳的质量分数无论多少均不标出。因合金工具钢及高速工具钢都是高级优质钢，所以它的牌号后面也不必再标“A”。

3. 合金元素在钢中的作用

在冶炼钢的过程中有目的地加入一些元素，这些元素称为合金元素。常用的合金元素有：锰［$w(Mn)>1\%$］、硅［$w(Si)>0.5\%$］、铬、镍、钼、钨、钒、钛、锆、铝、钴、硼、稀土（RE）等。

钢中加入合金元素改变钢的组织结构和力学性能，同时也改变钢的相变点和合金状态图。

2.2.4　特殊性能钢

特殊性能钢是指具有特殊的物理、化学性能的钢。其种类较多，常用的特殊性能钢有不锈钢、耐热钢和耐磨钢。

1. 不锈钢

在腐蚀性介质中具有耐蚀能力的钢，一般称为不锈钢。

（1）金属腐蚀　腐蚀通常可分为化学腐蚀和电化学腐蚀两种类型。化学腐蚀指金属与周围介质发生纯化学作用的腐蚀，在腐蚀过程中没有微电流产生，如钢的高温氧化、脱碳等。电化学腐蚀指金属在大气、海水及酸、碱、盐类溶液中产生的腐蚀，在腐蚀过程中有微电流产生。在这两种腐蚀中，危害最大的是电化学腐蚀。大部分金属的腐蚀都属于电化学腐蚀。

为了提高钢的抗电化学腐蚀能力，主要采取以下措施：

1）提高基体电极电位。例如当 $w(Cr)>11.7\%$时，使绝大多数铬都溶于固溶体中，使基体电极电位由-0.56V 跃增为+0.20V，从而提高抗电化学腐蚀的能力。

2）减少原电池形成的可能性。使金属在室温下只有均匀单相组织，例如铁素体钢、奥氏体钢。

3）形成钝化膜。在钢中加入大量合金元素，使金属表面形成一层致密的氧化膜（如 Cr_2O_3 等），使钢与周围介质隔绝，提高耐蚀能力。

（2）常用不锈钢　目前常用的不锈钢，按其组织状态主要分为马氏体不锈钢、铁素体不锈钢和奥氏体不锈钢三大类。

1）马氏体不锈钢。常用马氏体不锈钢碳的质量分数为 $w(C)=0.1\%\sim0.4\%$，铬的含量为 $w(Cr)=11.50\%\sim14.00\%$，属于铬不锈钢，通常指 Cr13 型不锈钢。其在淬火后能得到马氏体，故称为马氏体不锈钢。随着钢中碳的质量分数的增加，其强度、硬度、耐磨性提高，但耐蚀性下降。为了提高耐蚀性，不锈钢中碳的质量分数一般 $w(C)\leq0.4\%$。

碳的质量分数较低的 12Cr13 和 20Cr13 钢，具有良好的抗大气、海水、蒸汽等介质腐蚀的能力，塑性、韧性很好，适用于制造在腐蚀条件下工作、受冲击载荷的结构零件，如汽轮机叶片、阀、机泵等。这两种钢常用的热处理方法为淬火后高温回火，得到回火索氏体组织。

碳的质量分数较高的30Cr13、68Cr17钢，经淬火后低温回火，得到回火马氏体和少量碳化物，硬度可达50HRC左右，用于制造医疗手术工具、量具、弹簧、轴承及弱腐蚀条件下工作而要求高硬度的耐蚀零件。

2）铁素体不锈钢。典型牌号有10Cr17、10Cr17Mo等。常用的铁素体不锈钢中，$w(C)\leqslant0.12\%$，$w(Cr)=12\%\sim13\%$。这类钢从高温到室温，其组织均为单相铁素体组织，所以在退火和正火状态下使用，不能利用热处理来强化。其耐蚀性、塑性、焊接性均优于马氏体不锈钢，但强度比马氏体不锈钢低，主要用于制造耐蚀零件，广泛用于硝酸和氮肥工业中。

3）奥氏体不锈钢。这类钢一般铬的含量为$w(Cr)=17\%\sim19\%$，$w(Ni)=8\%\sim11\%$，故简称18-8型不锈钢。其典型牌号有06Cr19Ni10、12Cr18Ni9、06Cr18Ni11Ti、022Cr17Ni12Mo2钢等。这类钢中碳的质量分数不能过高，否则易在晶间析出碳化物（$(Cr、Fe)_{23}C_6$）引起晶间腐蚀，使钢中铬量降低产生贫铬区，故其碳的质量分数一般控制在0.1%左右，有时甚至控制在0.03%左右。有晶间腐蚀的钢，稍受力即沿晶界开裂或粉碎。

这类钢在退火状态下呈现奥氏体和少量碳化物组织。碳化物的存在，对钢的耐腐蚀性有很大损伤，故采用固溶处理方法来消除。固溶处理是把钢加热到1100℃左右，使碳化物溶解在高温下所得到的奥氏体中，然后水淬快冷至室温，即获得单相奥氏体组织，提高钢的耐蚀性。

由于铬镍不锈钢中铬、镍的含量高，且为单相组织，故其耐蚀性高。它不仅能抵抗大气、海水、燃气的腐蚀，而且能耐酸的腐蚀，抗氧化温度可达850℃，具有一定的耐热性。铬镍不锈钢没有磁性，故用它制造电器、仪表零件，不受周围磁场及地球磁场的影响。其又由于塑性很好，可以顺利进行冷、热压力加工。

2. 耐热钢

耐热钢是抗氧化钢和热强钢的总称。钢的耐热性包括高温抗氧化性和高温强度两方面的综合性能。高温抗氧化性是指钢在高温下对氧化作用的抗力；而高温强度是指钢在高温下承受力学载荷的能力，即热强性。因此，耐热钢既要求高温抗氧化性能好，又要求高温强度高。

在钢中加入铬、硅、铝等合金元素，它们与氧亲和力大，优先被氧化，形成一层致密、完整、高熔点的氧化膜（Cr_2O_3、Fe_2SiO_4、Al_2O_3），牢固覆盖于钢的表面，可将金属与外界的高温氧化性气体隔绝，从而避免进一步被氧化。

钢铁材料在高温下除氧化外其强度也大大下降，这是由于随温度升高，金属原子间结合力减弱，特别当工作温度接近材料再结晶温度时，也会缓慢地发生塑性变形，且变形量随时间的延长而增大，最后导致金属破坏，这种现象称为蠕变。

为了提高钢的高温强度，在钢中加入铬、钼、锰、铌等元素，可提高钢的再结晶温度。在钢中加入钛、铌、钒、钨、钼以及铝、硼、氮等元素，形成弥散相来提高高温强度。

常用的耐热钢，按正火状态下的组织不同主要有珠光体钢、马氏体钢、奥氏体钢三类。

3. 耐磨钢

耐磨钢是指在冲击和磨损条件下使用的高锰钢。其主要成分是$w(C)=0.9\%\sim1.5\%$，$w(Mn)=11\%\sim14\%$。经热处理后得到单相奥氏体组织。由于高锰钢极易冷变形强化，使切削加工困难，故基本上是铸造成形后使用。

高锰钢由于铸态组织是奥氏体+碳化物，而碳化物要沿奥氏体晶界析出，降低了钢的韧性与耐磨性，所以必须进行水韧处理。所谓“水韧处理”，是将高锰钢铸件加热到 1000~1100℃，使碳化物全部溶解到奥氏体中，然后在水中急冷，防止碳化物析出，获得均匀的、单一的过饱和单相奥氏体组织。

这时其强度、硬度并不高，而塑性、韧性却很好。但是，当工作时受到强烈的冲击或较大压力时，则表面因塑性变形会产生强烈的冷变形强化，从而使表面层硬度提高到 500~550HBW，因而获得高的耐磨性，而心部仍然保持着原来奥氏体所具有的高的塑性与韧性，能承受冲击。当表面磨损后，新露出的表面又可在冲击和磨损条件下获得新的硬化层。因此，这种钢具有很高的耐磨性和抗冲击能力。但要指出，这种钢只有在强烈冲击和磨损下工作才显示出高的耐磨性，而在一般机器工作条件下高锰钢并不耐磨。

高锰钢被用来制造在高压力，强冲击和剧烈摩擦条件下工作的抗磨零件，如坦克和矿山拖拉机履带板、破碎机颚板、挖掘机铲齿、铁道道岔及球磨机衬板等。

2.2.5 有色金属

1. 铝及其合金

工业纯铝可制作电线、电缆、器皿及配制合金。铝合金可用于制造承受较大载荷的机器零件和构件。

（1）防锈铝合金　主要用于焊接件、容器、管道以及承受中等载荷的零件及制品，也可用作铆钉。

（2）硬铝合金　低合金硬铝塑性好，强度低，主要用于制作铆钉，常称铆钉硬铝。标准硬铝合金强度和塑性属于中等水平，主要用于轧材、锻材、冲压件和螺旋桨叶片及大型铆钉等重要零件。高合金硬铝合金元素含量较多，强度和硬度较高，塑性及变形加工性能较差，用于制作重要的销和轴等零件。

（3）超硬铝合金　这类合金的耐蚀性较差，高温下软化快，多用于制造受力大的重要构件，例如飞机大梁、起落架等。

（4）锻铝合金　这类合金主要用于承受重载荷的锻件和模锻件。

2. 铜及其合金

铜合金具有较高的强度和塑性，具有高的弹性极限和疲劳极限，同时还具有较好的耐蚀性、耐碱性及优良的减摩性和耐磨性。

一般铜合金分黄铜、青铜和白铜三大类。

（1）黄铜　以锌为主要合金元素的铜合金称为黄铜。

（2）青铜　原指铜锡合金，但工业上都习惯称含铝、硅、铅、锰等的铜基合金为青铜。

（3）白铜　含镍，室温下物理性能稳定，常用于制作医疗器具、精密仪器、热电偶、钟表零件、眼镜架。

3. 镍及其合金

镍及镍合金是化学、石油、有色金属冶炼、高温、高压、高浓度或混有不纯物等各种苛刻腐蚀环境下比较理想的金属材料。

4. 钛及其合金

钛熔点高，热膨胀系数小，导热性差，强度低，塑性好。钛具有优良的耐蚀性和耐热性，其抗氧化能力优于大多数奥氏体不锈钢，而在较高温度下钛材仍能保持较高的强度。

常温下钛具有极好的耐蚀性能，在大气、海水、硝酸和碱溶液等介质中十分稳定，但在任何浓度的氢氟酸中均能迅速溶解。

2.3 非金属材料

非金属材料也是重要的工程材料，它包括耐火材料、耐火隔热材料、耐蚀（酸）非金属材料和陶瓷材料等。

2.3.1 耐火材料

能承受高温作用而不易损坏的材料，称为耐火材料。常用的耐火材料有耐火砌体材料、耐火水泥及耐火混凝土。

耐火材料的主要性能指标：①耐火度；②荷重软化温度；③高温化学稳定性；④抵抗温度变化的能力越好，则耐火材料在经受温度急剧变化时越不易损坏；⑤抗压强度要好；⑥密度和比热容；⑦热导率要小，隔热性能要好，电绝缘性能要好。

耐火材料的分类：

1）耐火砌体材料。按材质高低，分为普通耐火材料和特种耐火材料；按耐火材料的主要化学成分分为黏土砖、高铝砖、硅砖、氧化铝砖、石墨和碳制品以及碳化硅制品等。

2）耐火水泥及混凝土。按照胶结料的不同，耐火混凝土分为水硬性耐火混凝土、火硬性耐火混凝土和气硬性耐火混凝土；按照密度的高低，可分为重质耐火混凝土和轻质耐火混凝土两类。

2.3.2 耐火隔热材料

耐火隔热材料又称为耐热保温材料。它是各种工业用炉（冶炼炉、加热炉、锅炉炉膛）的重要筑炉材料。常用的隔热材料有硅藻土、蛭石、玻璃纤维（又称矿渣棉）、石棉，以及它们的制品如板、管、砖等。

1）硅藻土耐火隔热保温材料。硅藻土砖、板广泛用于电力、冶金、机械、化工、石油、金属冶炼电炉和硅酸盐等工业的各种热体表面，及各种高温窑炉、锅炉、炉墙中层的保温绝热方面。硅藻土管广泛用于各种化工、石油、气体、液体高温过热管道及其他高温设备的保温绝热方面。

2）硅酸铝耐火纤维。硅酸铝耐火纤维是轻质耐火材料之一。硅酸铝耐火纤维及其制品（毡、板、砖、管等）和复合材料，广泛地用于冶金、机械、建筑、化工和陶瓷工业中的热力设备，如锅炉、加热炉和导管等。

3）微孔硅酸钙保温材料。微孔硅酸钙保温材料制品可用于高温设备热力管道的保温隔热工程。

4）矿渣棉。矿渣棉制品可用作保温、隔热和吸音材料。

2.3.3 耐蚀（酸）非金属材料

常用的耐蚀非金属材料有铸石、石墨、耐酸水泥、天然耐酸石材和玻璃等。

1）铸石。铸石具有极优良的耐磨与耐化学腐蚀性、绝缘性及较高的抗压性能。在各类酸碱设备中，其耐蚀性比不锈钢、橡胶、塑性材料及其他有色金属高得多，但铸石脆性大、承受冲击荷载的能力低。因此，在要求耐蚀、耐磨或高温条件下，当不受冲击振动时，铸石是钢铁（包括不锈钢）的理想代用材料。

2）石墨。石墨材料在高温下有高的机械强度。石墨材料常用来制造传热设备。石墨具有良好的化学稳定性，除了强氧化性的酸（如硝酸、铬酸、发烟硫酸和卤素）之外，在所有的化学介质中都很稳定，甚至在熔融的碱中也稳定。不透性石墨可作为耐腐蚀的非金属无机材料。

3）玻璃。按形成玻璃的氧化物可分为：硅酸盐玻璃、磷酸盐玻璃、硼酸盐玻璃和铝酸盐玻璃等。其中，硅酸盐玻璃是应用最为广泛的玻璃品种。硅酸盐玻璃的化学稳定性很高，抗酸性强，组织紧密而不透水，但它若长期在某些介质作用下，也会受侵蚀。硅酸盐玻璃具有较好的光泽和透明度，化学稳定性和热稳定性好，机械强度高，硬度大，电绝缘性强，但不耐氢氟酸、热磷酸、热浓碱液的腐蚀。它一般用作制造化学仪器和高级玻璃制品，无碱玻璃纤维，耐热用玻璃和绝缘材料等。

4）天然耐蚀石料。花岗岩强度高，耐寒性好，但热稳定性较差；石英岩强度高，耐久性好，硬度高，难于加工；辉绿岩及玄武岩密度高、耐磨性好、脆性大、强度极高、加工较难；石灰岩热稳定性好，硬度较低。

5）水玻璃型耐酸水泥。水玻璃型耐酸水泥具有能抗大多数无机酸和有机酸腐蚀的能力，但不耐碱。水玻璃胶泥衬砌砖、板后必须进行酸化处理。

2.3.4 陶瓷材料

陶瓷材料有高温化学稳定性、超硬的特点和极好的耐蚀性。陶瓷一般分为普通陶瓷和新型陶瓷两大类。在工程中常用的陶瓷有电器绝缘陶瓷、化工陶瓷、结构陶瓷和耐酸陶瓷等。

2.4 钢的热处理

钢的热处理是指将钢在固态下进行加热、保温和冷却，以改变其内部组织，从而获得所需要性能的一种工艺方法。

热处理的目的是显著提高钢的力学性能，发挥钢材的潜力，提高工件的使用性能和寿命，还可以作为消除毛坯（如铸件、锻件等）中的缺陷，改善其工艺性能，为后续工序做组织准备。随着工业和科学技术的发展，热处理在改善和强化金属材料、提高产品质量、节省材料和提高经济效益等方面将发挥更大的作用。

2.4.1 钢的退火与正火

钢的常用热处理工艺可分为两类：预备热处理和最终热处理。预备热处理是消除坯料、半成品中的某些缺陷，为后续的冷加工和最终热处理做组织准备的。最终热处理用于使工件获得所要求的性能。退火与正火主要用于钢的预备热处理，其目的是消除和改善前一道工序（铸、锻、焊）所造成的某些组织缺陷及内应力，也为随后的切削加工及热处理做好组织和性能上准备。退火与正火除经常作预备热处理工序外，对一般铸件、焊接件以及一些性能要求不高的工件，也可作为最终热处理。

1. 钢的退火

根据钢的成分、退火工艺与目的不同，退火常分为完全退火、球化退火、等温退火、均匀化退火、去应力退火和再结晶退火等。各种退火与正火温度的工艺示意图见图 2-1 。

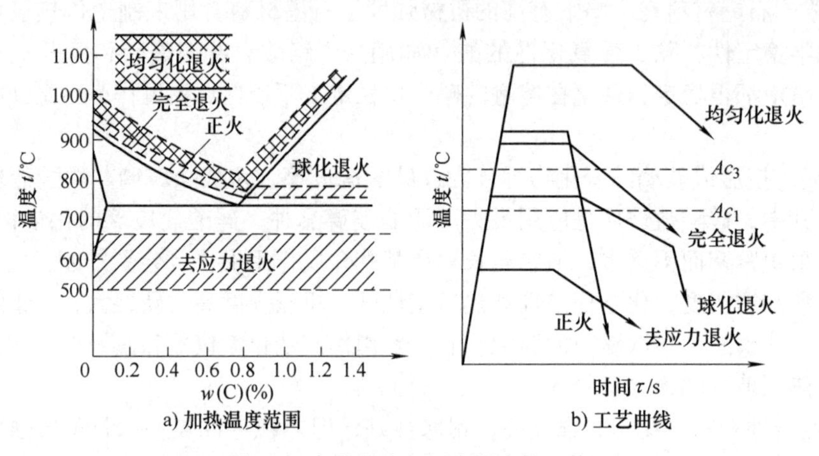

图 2-1　各种退火与正火温度的工艺

（1）完全退火　完全退火首先是把亚共析钢加热到 Ac_3 以上 30~50℃，保温一段时间，随炉缓慢冷却（随炉或埋入干砂、石灰中），以获得接近平衡组织的热处理工艺。

完全退火主要用于亚共析碳钢和合金钢的铸件、锻件、焊接件等，其目的是细化晶粒，消除内应力，降低硬度，改善可加工性等。

（2）球化退火　球化退火是使钢中碳化物球状化而进行的退火工艺。一般球化退火是把过共析钢加热到 Ac_1 以上 10~20℃，保温一定时间后缓慢冷却到 600℃以下出炉空冷的一种热处理工艺。

球化退火主要用于过共析成分的碳钢和合金工具钢。加热温度只使部分渗碳体溶解到奥氏体中，在随后的缓慢冷却过程中，形成在铁素体基体上分布球状渗碳体的组织，这种组织称为球化体（球状珠光体）。球化退火的目的是使二次渗碳体及珠光体中片状渗碳体球状化，从而降低硬度，改善可加工性，并为淬火做好组织准备。

若钢原始组织中存在严重渗碳体网，则应采用正火将其消除后再进行球化退火。

（3）等温退火　对于奥氏体比较稳定的钢，完全退火全过程所需的时间长达数十小时，为缩短整个退火周期可采用等温退火。其目的与完全退火、等温球化退火相同。但等温退火能得更均匀的组织与硬度，而且显著缩短生产周期，主要用于高碳钢、合金工具钢和高合金钢。

（4）均匀化退火　合金铸锭在结晶过程中，往往易于形成较严重的枝晶偏析。为了消除铸造结晶过程中产生的枝晶偏析，使成分均匀化，改善性能，需要进行均匀化退火。均匀化退火是把合金钢铸锭或铸件加热到 Ac_3 以上 150~200℃，保温 10~15h 后缓慢冷却的热处理工艺。由于均匀化退火加热温度高、时间长，会引起奥氏体晶粒的严重粗化，因此一般还需要进行一次完全退火或正火。

（5）去应力退火　去应力退火是为了去除锻件、焊件、铸件及机加工工件中内存的残余应力而进行的退火。去应力退火将工件缓慢加热到 Ac_1 以下 100~200℃，保温一定时间后随炉慢冷至 200℃，再出炉冷却。去应力退火是一种无相变的退火。

2. 钢的正火

将钢材或钢件加热到 Ac_1 或 Ac_{cm}以上 30~50℃，保温一定的时间，出炉后在空气中冷却的热处理工艺称为正火。

正火与退火的主要区别是：正火的冷却速度较快，过冷度较大，因此正火后所获得的组织比较细，强度和硬度比退火高一些。

正火是成本较低和生产率较高的热处理工艺。在生产中应用如下：

1）对于要求不高的结构零件，可作为最终热处理。正火可细化晶粒，正火后组织的力学性能较高。而大型或复杂零件淬火时，可能有开裂危险，所以正火可作为普通结构零件或大型、复杂零件的最终热处理。

2）改善低碳钢的可加工性。正火能减少低碳钢中先共析相铁素体，提高珠光体的量和细化晶粒，所以能提高低碳钢的硬度，改善其可加工性。

3）作为中碳结构钢的较重要工件的预备热处理。对于性能要求较高的中碳结构钢，正火可消除由于热加工造成的组织缺陷，且硬度还在 160~230HBW 范围内，具有良好可加工性，并能减少工件在淬火时的变形与开裂，提高工件质量。为此，正火常作为较重要工件的预备热处理。

4）消除过共析钢中二次渗碳体网。正火可消除过共析钢中二次渗碳体网，为球化退火做组织准备。

2.4.2　钢的淬火及回火

1. 钢的淬火

淬火是将钢件加热到 Ac_3 或 Ac_1 以上 30~50℃，保温一定时间，然后以大于淬火临界冷却速度冷却获得马氏体或贝氏体组织的热处理工艺。

淬火的目的是得到马氏体组织，再经回火后，使工件获得良好的使用性能，以充分发挥材料的潜力。

（1）钢的淬火工艺　碳素钢的淬火加热温度由 Fe-Fe_3C 相图来确定，如图 2-2 所示。

亚共析钢淬火加热温度为 Ac_3 以上 30~50℃，因为在这一温度范围内可获得全部细小的奥氏体晶粒，淬火后得到均匀细小的马氏体。若淬火温度高，则引起奥氏体晶粒粗大，淬火后将得到粗大的马氏体组织，会降低钢的性能。若淬火加热温度过低，则淬火组织中有铁素体出现，使钢出现软点，使淬火硬度不足。

共析钢和过共析钢淬火加热温度为 Ac_1 以上 30~50℃，此时的组织为奥氏体或奥氏体+渗碳体颗粒，淬火后获得细小马氏体和球状渗碳体，由于有高硬度的渗碳体和马氏体存在，能保证得到最高的硬度和耐磨性。如果加热温度超过 Ac_{cm}，将导致渗碳体消失，奥氏体晶粒粗大，淬火后残留奥氏体量增加，硬度和耐磨性都会降低，同时还会引起严重的淬火变形，甚至开裂。

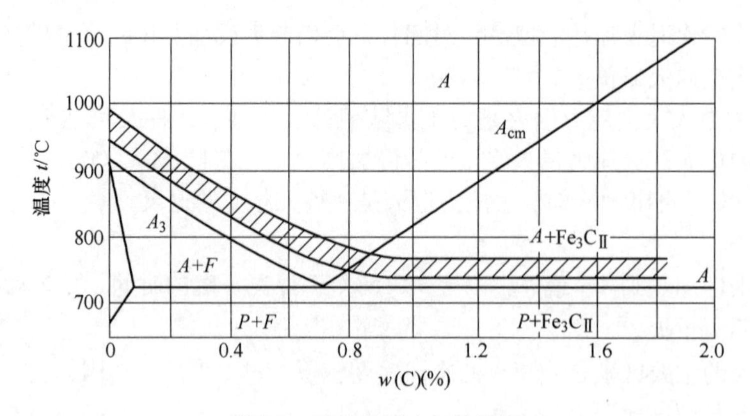

图 2-2　碳钢的淬火加热温度

对含有阻碍奥氏体晶粒长大的强碳化物形成元素（如钛、铌、锆等）的合金钢，淬火温度可以高一些，以加速其碳化物的溶解，获得较好的淬火效果。而对促进奥氏体长大元素（如锰等）含量较高的合金钢，淬火加热温度则应低一些，以防止晶粒粗大。

（2）淬火冷却介质　目前常用的淬火冷却介质有水、油和盐浴。

1）水是最便宜而且在 550~650℃范围内具有很大的冷却能力；在 200~300℃时也能很快冷却，但容易引起工件的变形与开裂，这是水的最大缺点，但目前仍是碳钢的最常用的淬火冷却介质。

2）油也是最常用的淬火冷却介质，生产上多用各种矿物油。油的优点是在 200~300℃范围内冷却能力低，这有利于减少工件的变形。其缺点是在 550~650℃范围内冷却能力也低，不适用于碳钢，所以油一般只用作合金钢的淬火冷却介质。

3）为了减少工件淬火时变形，可采用盐浴作为淬火冷却介质，如熔化的 $NaNO_3$、KNO_3 等，主要用于贝氏体等温淬火、马氏体分级淬火。其特点是沸点高，冷却能力介于水与油之间，常用于处理形状复杂、尺寸较小和变形要求严格的工件。

为了寻求较理想的淬火冷却介质，已发展的新型淬火冷却介质有聚醚水溶液、聚乙烯醇水溶液等。

（3）淬火方法　常用淬火方法有：

1）单介质淬火。将淬火加热后钢件在一种淬火冷却介质中冷却，如图 2-3 中曲线①所示。例如，碳钢在水中淬火；合金钢或尺寸很小的碳钢工件在油中淬火。单介质淬火操作简单，易实现机械化，应用广泛。其缺点是：水淬容易变形或开裂；油淬大型零件容易产生硬度不足现象。

2）双介质淬火、分级淬火。将淬火加热后的钢件先淬入一种冷却能力较强的介质中，在钢件还未到达该淬火冷却介质温度前即取出，马上再淬入另一种冷却能力较弱的介质中冷却。例如，先水后油的双介质淬火法，如图 2-3 中曲线②所示。

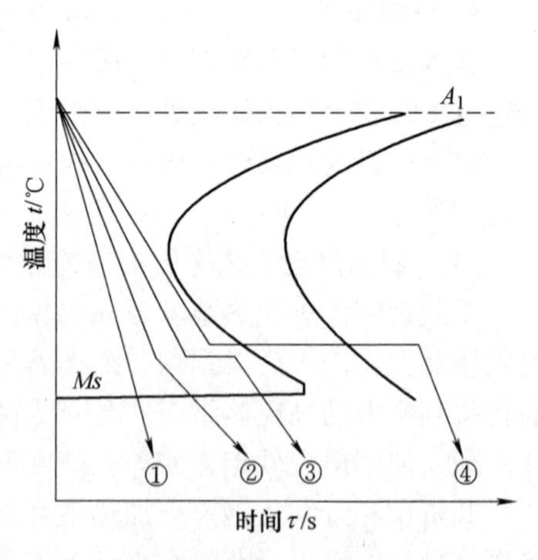

图 2-3　淬火冷却曲线

①—单介质淬火　②—双介质淬火

③—马氏体分级淬火　④—贝氏体等温淬火

双介质淬火法的目的是使过冷奥氏体在缓慢冷却条件下转变成马氏体，减少热应力与相变应力，从而减少变形、防止开裂。这种工艺的缺点是不易掌握从一种淬火冷却介质转入另一种淬火冷却介质的时间，要求有熟练的操作技艺。它主要用于中等形状复杂的高碳钢和尺寸较大的合金钢工件。

3）马氏体分级淬火。将淬火加热后的钢件，迅速淬入温度稍高或稍低于 *Ms* 点的硝盐浴或碱浴中冷却，在介质中短时间停留，待钢中内外层达到介质温度后取出空冷，以获得马氏体组织。这种工艺特点是在钢件内外温度基本一致时，使过冷奥氏体在缓冷条件下转变成马氏体，从而减少变形，如图 2-3 中曲线③所示。这种工艺的缺点是由于钢中在盐浴和碱浴中冷却能力不足，只适用尺寸较小的零件。

4）贝氏体等温淬火。将淬火加热后的钢件迅速淬入温度稍高于 *Ms* 点的硝盐浴或碱浴中，保持足够长时间，直至过冷奥氏体完全转变为下贝氏体，然后在空气中冷却，如图 2-3 曲线中④所示。下贝氏体的硬度略低于马氏体，但综合力学性能较好，因此在生产中被广泛应用，如一般弹簧、螺栓、小齿轮、轴、丝锥等的热处理。

5）局部淬火。对于有些工件，如果只是局部要求高硬度，可将工件整体加热后进行局部淬火。为了避免工件其他部分产生变形和开裂，也可局部进行淬火。

2. 钢的回火

将淬火钢重新加热到 Ac_1 点以下的某一温度，保温一定时间后冷却到室温的热处理工艺称为回火。一般淬火件必须经过回火才能使用。

（1）回火的目的

1）获得工件所要求的力学性能。工件淬火后得到马氏体组织硬度高、脆性大，为了满足各种工件的性能要求，可以通过回火调整硬度、强度、塑性和韧性。

2）稳定工件尺寸。淬火马氏体和残留奥氏体都是不稳定组织，它们具有自发地向稳定组织转变的趋势，因而将引起工件的形状与尺寸的改变。通过回火使淬火组织转变为稳定组织，从而保证在使用过程中不再发生形状与尺寸的改变。

3）降低脆性，消除或减少内应力。工件在淬火后存在很大内应力，如不及时通过回火消除，会引起工件进一步变形与开裂。

（2）淬火钢在回火时组织的转变　钢经淬火后，获得的马氏体与残留奥氏体是亚稳定相。在回火加热、保温过程中，都会向稳定的铁素体和渗碳体（或碳化物）的两相组织转变。根据碳钢回火时发生的过程和形成组织，一般回火分为四个转变。

1）马氏体分解。淬火钢在 100℃以下，内部组织的变化并不明显，硬度基本上也不下降。当回火温度大于 100℃时，马氏体开始分解，马氏体中碳以碳化物（$Fe_{2.4}C$）的形式析出，使马氏体中碳的过饱和度降低，晶格畸变度减弱，内应力有所下降，析出碳化物不是一个平衡相，而是向 Fe_3C 转变的过渡相。

这一转变的回火组织是由过饱和 α 固溶体与碳化物组成的，这种组织称为回火马氏体。马氏体这一分解过程一直进行到约 350℃。马氏体中碳的质量分数越大，析出碳化物越多。对于 w（C）≤0.2%的低碳马氏体，在这一阶段不析出碳化物，只发生碳原子在位错附近的偏聚。

2）残留奥氏体的转变。回火温度达到 200～300℃时，马氏体继续分解，残留奥氏体也开始发生转变，转变为下贝氏体。下贝氏体与回火马氏体相似，这一转变后的主要组织仍为回火马氏体，此时硬度没有明显下降，但淬火内应力进一步减少。

3）碳化物的转变。回火温度在250~450℃时，因碳原子的扩散能力增大，碳过饱和α固溶体转变为铁素体，同时碳化物亚稳定相也转变为稳定的细粒状渗碳体，淬火内应力基本消除，硬度有所降低，塑性和韧性得到提高，此时组织由保持马氏体形态的铁素体和弥散分布的极细小的片状或粒状渗碳体组成，称为回火托氏体。

4）渗碳体的聚集长大和铁素体再结晶。回火温度大于450℃时，渗碳体颗粒将逐渐聚集长大，随着回火温度升到600℃时，铁素体发生再结晶，使铁素体完全失去原来的板条状或片状，而成为多边形晶粒，此时组织由多边形铁素体和粒状渗碳体组成，称为回火索氏体。回火碳钢硬度变化的总趋势是随回火温度的升高而降低。

（3）回火种类与应用　根据对工件力学性能要求不同，按回火温度范围，可将回火分为三种。

1）低温回火。淬火钢件在250℃以下回火称低温回火。回火后组织为回火马氏体，基本上保持淬火钢的高硬度和高耐磨性，淬火内应力有所降低，主要用于要求高硬度、高耐磨性的刃具、冷作模具、量具和滚动轴承，渗碳、碳氮共渗和表面淬火的零件。低温回火后工件硬度为58~64HRC。

2）中温回火。淬火钢件在250~500℃之间回火称为中温回火。回火后组织为回火托氏体，具有高的屈强比，高的弹性极限和一定的韧性，淬火内应力基本消除。中温回火常用于各种弹簧和模具热处理，工件中温回火后硬度一般为35~50HRC。

3）高温回火。淬火钢件在500℃以上回火称为高温回火。高温回火后组织为回火索氏体，具有强度、硬度、塑性和韧性都较好的综合力学性能，因此，广泛用于汽车、拖拉机、机床等承受较大载荷的结构零件，如连杆、齿轮、轴类、高强度螺栓等。高温回火后工件硬度一般为200~330HBW。

生产中常把淬火+高温回火热处理工艺称为调质处理。调质处理后的力学性能（强度、韧性）比相同硬度的正火好，这是因为前者的渗碳体呈粒状，后者为片状。调质处理一般作为最终热处理，但也作为表面淬火和化学热处理的预备热处理。工件经调质处理后的硬度不高，便于切削加工，并能获得较低得表面粗糙度值。

除了以上三种常用回火方法外，某些精密的工件，为了保持淬火后的硬度及尺寸的稳定性，常进行低温（100~150℃）长时间（10~50h）保温的回火，称为时效处理。

3. 钢的表面淬火

表面淬火是指通过快速加热使钢表层奥氏体化，而不等热量传至中心，立即进行淬火冷却，仅使表面层获得硬而耐磨的马氏体组织，而心部仍保持原来塑性、韧性较好的退火、正火或调质状态的组织。表面淬火不改变零件表面化学成分，只是通过表面快速加热淬火，改变表面层的组织来达到强化表面的目的。

许多机械零件，如轴、齿轮、凸轮等，要求表面硬而耐磨，有高的疲劳强度，而心部要求有足够的塑性、韧性，采用表面淬火，使钢表面得到强化，能满足上述要求。

碳的质量分数为0.4%~0.5%的优质碳素结构钢最适宜于表面淬火。这是由于中碳钢经过预备热处理（正火或调质处理）以后再进行表面淬火处理，即可以保持心部原有良好的综合力学性能，又可使表面具有高硬度和耐磨性。表面淬火后，一般需进行低温回火，以减少淬火应力和降低脆性。

表面淬火方法很多，目前生产中应用最广泛的是感应淬火，其次是火焰淬火。

（1）感应淬火　感应淬火是利用感应电流通过工件表面所产生的热效应，使表面加热并进行快速冷却的淬火工艺。

感应淬火的原理如图 2-4 所示。当感应圈中通入交变电流时，产生交变磁场，于是在工件中便产生同频率的感应电流。由于钢本身具有电阻，因而集中于工件表面的电流，可使表层迅速加热到淬火温度，而心部温度仍接近室温，随后立即喷水（合金钢浸油）快速冷却，使工件表面淬硬。

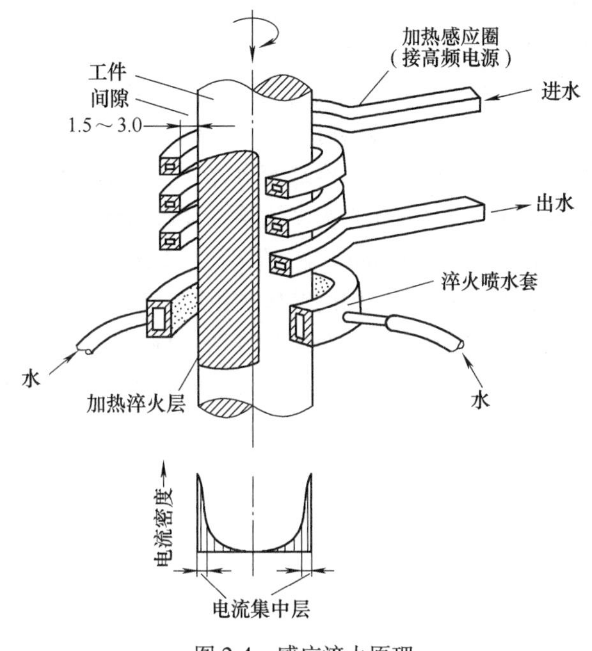

图 2-4　感应淬火原理

所用电流频率主要有三种：一种是高频感应加热，常用频率为 200～300kHz，淬硬层为 0.5～2mm，适用于中、小模数齿轮及中、小尺寸的轴类零件。第二种是中频感应加热，常用频率为 2500～3000Hz，淬硬层深度为 2～10mm，适用于较大尺寸的轴和大、中模数的齿轮等。第三种是工频感应加热，电流频率为 50Hz，硬化层深度可达 10～20mm，适用于大尺寸的零件，如轮辊、火车车轮等。此外还有超音频感应加热，它是 20 世纪 60 年代后发展起来的，频率为 30～40kHz，适用于硬化层略深于高频，且要求硬化层沿表面均匀分布的零件，例如中、小模数齿轮、链轮、轴、机床导轨等。

感应加热速度极快，感应淬火有如下特点：第一，表面性能好，硬度比普通淬火高 2～3HRC，疲劳强度较高，一般工件可提高 20%～30%；第二，工件表面质量高，不易氧化脱碳，淬火变形小；第三；淬硬层深度易于控制，操作易于实现机械化、自动化，生产率高。对于表面淬火零件的技术要求，在设计图样上应标明淬硬层硬度与深度、淬硬部位，有的还应提出对金相组织及限制变形的要求。

（2）火焰淬火　火焰淬火是以高温火焰作为加热源的一种表面淬火方法。常用火焰为乙炔-氧火焰（最高温度为 3200℃）或煤气-氧火焰（最高温度为 2400℃）。高温火焰将钢件表面迅速加热到淬火温度，随即喷水快冷使表面淬硬。火焰淬火表面淬硬层通常为 2～8mm。

火焰淬火设备简单，方法易行，但火焰加热温度不易控制，零件表面易过热，淬火质量不够稳定。火焰淬火尤其适宜处理特大或特小件、异型工件等，如大齿轮、轧辊、顶尖、凹槽、小孔等。

（3）接触电阻加热淬火　接触电阻加热的原理如图 2-5 所示，当工业电流经调压器降压后，电流通过压紧在工件表面的滚轮与工件形成回路，利用滚轮与工件之间的接触电阻实现快速加热，滚轮移去后，由于基体金属吸热，表面自激冷淬火。接触电阻加热淬火可显著提高工件表面的耐磨性和抗擦伤能力。设备及工艺简单易行，硬化层薄，一般为 0.15～

0.35mm，适用于表面形状简单的零件，目前广泛用于机床导轨、气缸套等表面淬火。

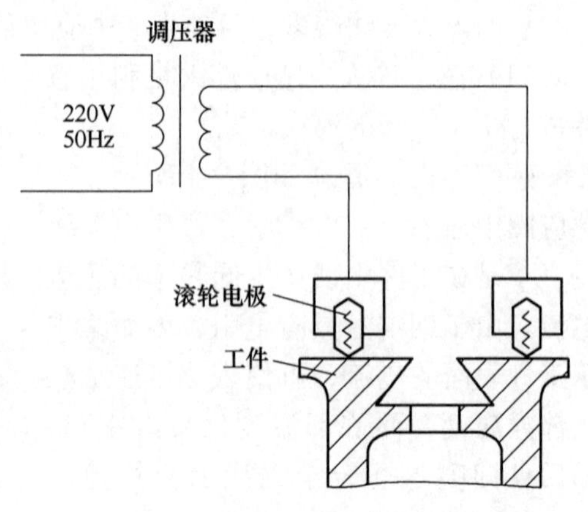

图 2-5　接触电阻加热的原理

（4）激光淬火　激光淬火是20世纪70年代发展起来的一种新型的高能密度的表面强化方法。这种表面淬火方法是用激光束扫描工件表面，使工件表面迅速加热到钢的临界点以上，而当激光束离开工件表面时，由于基体金属的大量吸热，使表面获得急速冷却而自淬火，故不需要淬火冷却介质。激光淬火硬化层深度与宽度一般为：深度小于0.75mm，宽度小于1.2mm。激光淬火后表层可获得极细的马氏体组织，硬度高且耐磨性好。激光淬火能对形状复杂，特别是某些部位用其他表面淬火方法极难处理的（如拐角、沟槽、盲孔底部或深孔）工件。

第3章　铸　　造

3.1　铸造概述

将熔融金属液浇入具有与零件形状相适应的铸型空腔中，凝固后获得一定形状和性能的金属件（铸件）的方法称为铸造。

熔炼金属与铸型是铸造的两大基本要素。适于铸造的金属有铸铁、铸钢和有色合金等。铸型是根据所设计的零件形状用造材料制成的。以铸型为分类标志的铸造方法可分为砂型铸造和特种铸造两大类。其中砂型铸造用得最广泛。特种铸造又可分为熔模铸造、金属型铸造、压力铸造、离心铸造、低压铸造等。

铸造的优点是适应性强，成本低廉。其缺点是生产工序多，铸件质量难以控，铸件力学性能较差，劳动强度大。铸造主要用于受冲击力较小、形状复杂的毛坯制造，如机床床身、发动机气缸体、各种支架、箱体等。

铸造生产具有以下优点：

1）可以制成外形和内腔十分复杂的毛坯，如各种箱体、床身、机架等。

2）适用范围广，可以铸造不同尺寸、质量及各种形状的工件；也适用于不同材料，如铸铁、铸钢、非铁合金等。铸件质量可以从几克到上千吨。

3）原材料来源广泛，还可以利用报废的机件或切屑；工艺、设备费用小，成本低。

4）所得铸件与零件尺寸较接近，可节省金属的消耗，减少切削加工工作量。

随着铸造合金、铸造工艺技术的发展，特别是精密铸造的发展和新型铸造合金的成功应用，铸件的表面质量、力学性能都有显著提高，铸件的应用范围日益扩大。

铸件广泛用于机床制造、动力、交通运输、轻纺机械、冶金机械等设备。铸件重量占机器总重量的40%~85%。

3.2　造型方法

用型砂及模样等工艺装备制造铸型的过程称为造型。造型方法可分为手工造型和机器造型两大类。手工造型的方法很多，按砂箱特征分有两箱造型、三箱造型、脱箱造型、地坑造型等，按模样特征分有整模造型、分模造型、活块造型、挖砂造型、假箱造型和刮板造型等。可根铸件的形状、大小和生产批量选择造方法。

3.2.1　手工造型

手工造型操作灵活，对模样及砂箱的要求不高，不需要严格配套铸造设备和专门加工的砂箱，较大的铸件还可以采用地坑来取代下箱。手工造型存在生产率低，对工人技术水平要求较高，而且铸件的尺寸精度及表面质量较差等缺点，但是手工造型仍然是生产中难以被完全取代的重要造型方法。

1. 整模造型

使用一个整体模样，造型时模样轮廓全部位于一个砂箱内的造型方法称为整模造型。整模造型是一种简单、常用的造型方法。分型面为平面，操作简单，可避免错箱等缺陷，有利于保证铸件的形状和相对位置精度。它适用于生产各种外形轮廓尺寸简单的铸件，如制动鼓、齿轮、设备底座、罩壳等。

2. 分模造型

当零件截面不是由大到小逐渐递减时，为了起模，将模样从最大截面处分开，用销钉和销钉孔定位，这种模样称为分模。用此模样进行造型称为分模造型，造型时，型腔分别位于上、下两个半型内。分模造型的特点是：模样是分开的，模样的分模面必须是模样的最大截面，以利于起模。分模造型的过程与整模造型基本相似，不同的是造上型时增加放上半模样和取上半模样两个操作。分模造型过程如图 3-1 所示。

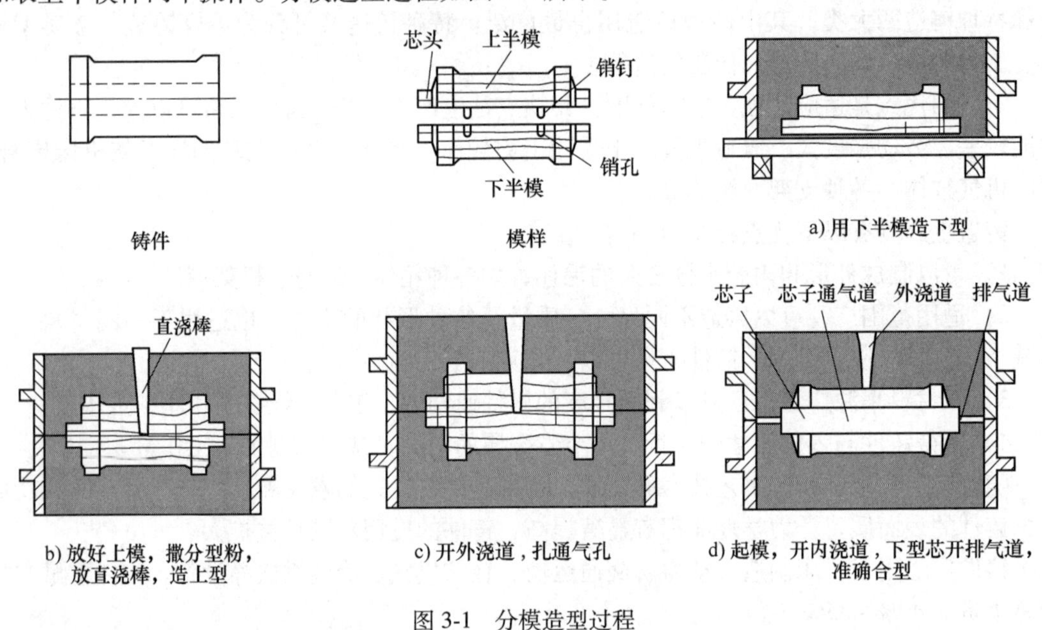

图 3-1　分模造型过程

3. 挖砂造型

当铸件按照结构特点需要采用分模造型，但由于条件限制（如模样太薄，分模困难）仍做成整体模样时，为便于起模，下型分型面需挖成曲面或有高低变化的阶梯形状（称为不平分型面），这种造型方法称为挖砂造型。挖砂时，需挖到模样的最大截面处，才能保证模样的顺利取出。手轮挖砂造型过程如图 3-2 所示。

4. 假箱造型

假箱造型是利用预先制好的成型底板或假箱来代替挖砂造型中所挖去的砂型。

5. 活块造型

模样上可拆卸或能活动的部分称为活块。当模样上有妨碍起模的侧面凸出部分（如小凸台）时，常将该部分做成活块。起模时，先将模样主体取出，再将留在铸型内的活块单独取出，这种方法称为活块造型。用钉子连接的活块造型时，应注意先将活块四周的型砂紧

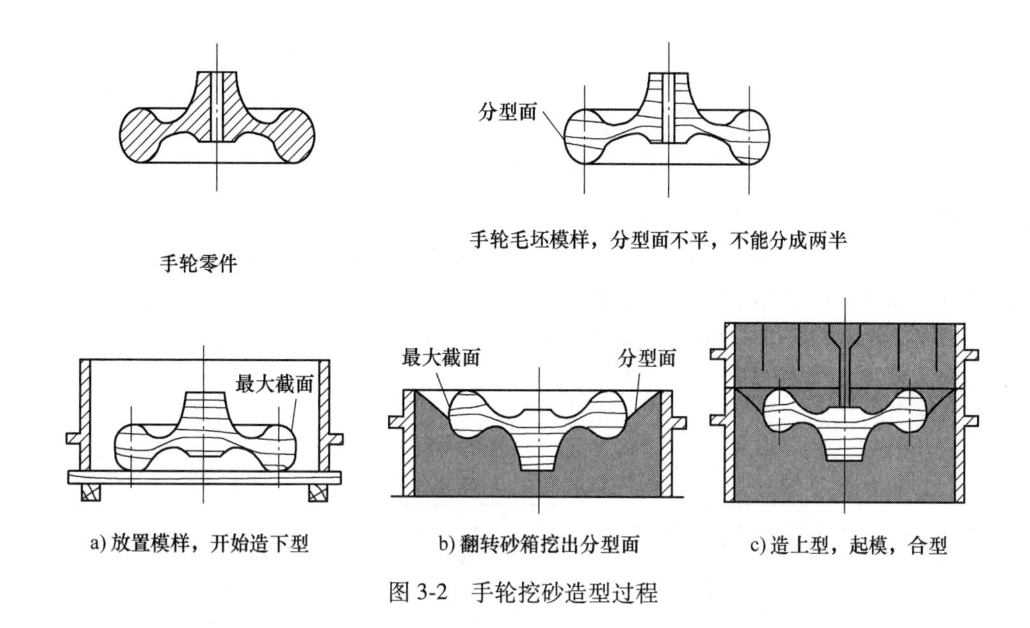

图 3-2　手轮挖砂造型过程

实，然后拔出钉子。活块造型如图 3-3 所示。

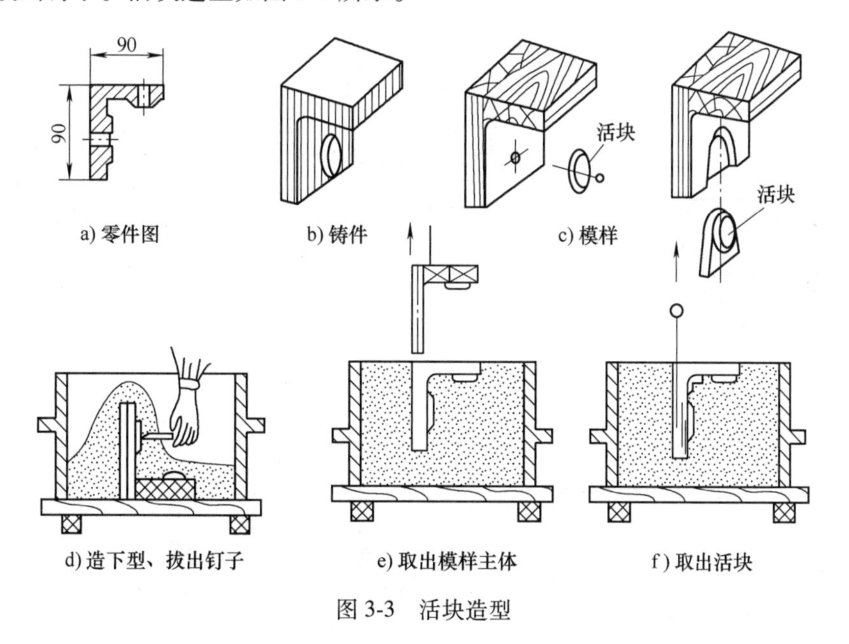

图 3-3　活块造型

6. 刮板造型

制造形状为回转体、截面不变的较大铸件时，生产数量少，尤其是单个配件的生产，为了节省制造木模工时，节约制造木模的木材，可用与铸件截面形状相应的木板（刮板）刮出所需要的砂型型腔，这种造型方法称为刮板造型。刮板造型分为绕轴线旋转和沿导轨往复移动两种。刮板造型的生产率很低，要求操作者的技术水平高。由于全靠手工修出型腔轮廓，因此所得到的铸件形状、尺寸精度较低。但生产数量很少时，为节约制造整体模样所需费用，其在铸造生产中也常常使用，如铸造带轮、飞轮、管子等铸件。

7. 三箱造型

用三个砂箱制造铸型的过程称为三箱造型。前述各种造型方法都使用两个砂箱，操作简单、应用广泛。但有些铸件如在起模方向上两端截面尺寸大于中间截面时，这就需要用三个砂箱，从两个方向分别起模。图 3-4 为带轮的三箱制造过程。

8. 地坑造型

当铸件较大，生产批量较小时，用铸造车间的地面或地坑代替下砂箱进行造型的方法称为地坑造型。地坑造型的优点是可以省掉下砂箱，从而节约工装费用。铸件越大，上述优点就越显著。但地坑造型比砂箱造型效率低，操作技术水平要求高，所以常用于中大型零件单件或小批量生产。

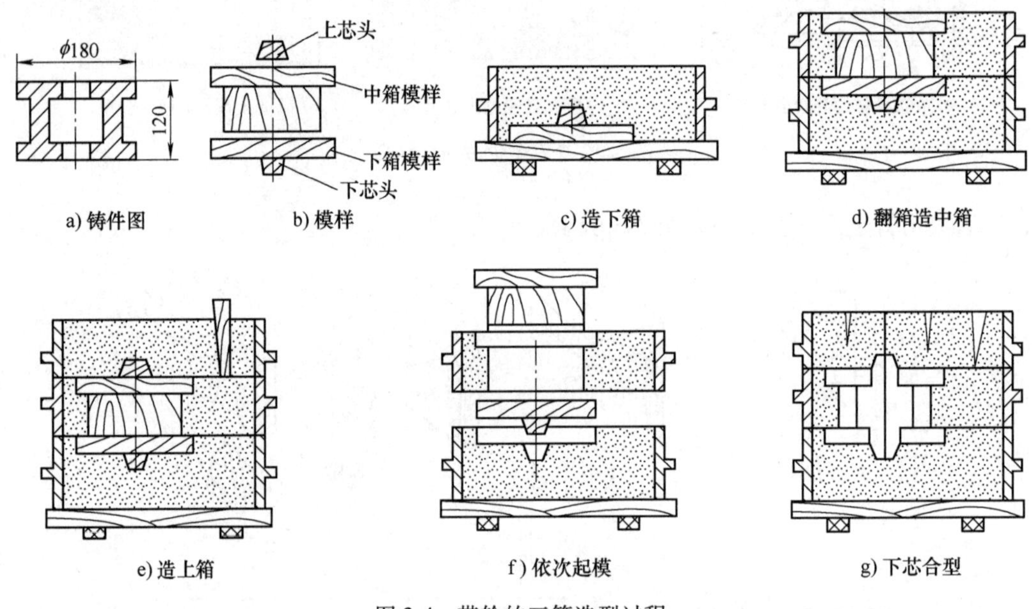

图 3-4　带轮的三箱造型过程

大型铸件采用地坑造型时，地坑的坑底及坑壁必须用防水材料建成，坑底应填入焦炭或炉渣等透气物料，铺上稻草，埋入铁管，管口要露出地面，以便浇注时引出地坑中的气体。图 3-5 所示为地坑造型示意图。

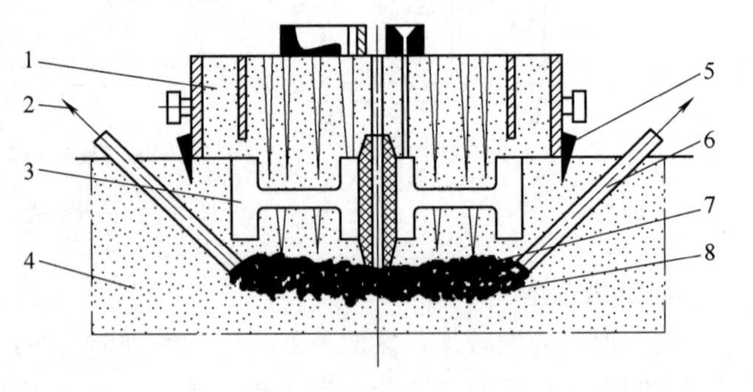

图 3-5　地坑造型

1—上型　2—气体　3—型腔　4—地坑　5—定位楔

6—通气管　7—稻草垫　8—焦炭

3.2.2　机器造型

手工造型生产效率低，铸件表面质量差，要求工人的技术水平高，劳动强度大，因此在批量生产中，一般均采用机器造型。

机器造型是把造型过程中的主要操作——紧实与起模过程实现机械化。紧实主要有压实、震击、高压、射砂、抛砂、射压和微振压实等方式。其中：①压实紧实是通过液压、机械力或气压作用到压板、柔性膜或组合压头上，压缩砂箱内型砂使其紧实的过程，有上压式和下压式两种形式；②震击紧实是在低频率和高振幅的运动中，下落冲程撞击使型砂因惯性获得紧实的过程；③高压紧实砂型的比压一般为0.7~1.5MPa，一般适用于砂型尺寸较大，结构比较复杂的铸件；④射砂紧实是利用压缩空气膨胀将型砂射入砂箱或芯盒进行填砂和紧实的方法；⑤抛砂紧实是利用离心力抛出型砂，使型砂在惯性力下完成填砂和紧实的方法；⑥射压紧实是射砂和压实相结合的紧实方法；⑦微振压实是振动与压实相结合的紧实方法。

起模方式主要有顶箱起模、翻转起模和漏模起模三种。

3.3 型芯制造

型芯的主要作用是浇注后形成铸件的内腔，有时也可用型芯形成铸件外形上妨碍起模的凸出部分或凹槽。

浇注时型芯的表面被高温金属液包围，长时间受到浮力作用和高温金属液的烘烤作用；铸件冷却凝固时，型芯往往会阻碍铸件自由收缩；型芯清理也比较困难。因此，芯砂比型砂要求更高，应具有更高的强度、透气性、耐高温性、退让性和溃散性。

3.3.1 型芯的种类及应用

1. 型芯的种类及其应用

型芯依据制作的材料不同可分为：

（1）砂芯　用硅砂等材料制成的型芯，称为砂芯。砂芯制作容易、价格便宜，可以制出各种复杂的形状，砂芯强度和刚度一般能满足使用要求，铸件收缩时阻力小，铸件清理方便，在砂型铸造中得到广泛应用。在金属型铸造、低压铸造等铸造工艺中，对于形状复杂的内腔孔洞，也用砂芯来形成。

（2）金属芯　在金属型铸造、压力铸造等工艺方法中，广泛应用金属材料制作的型芯。金属芯强度和刚度好，得到的铸件尺寸精度高，但对铸件收缩的阻力大，对于形状复杂的孔腔抽芯比较困难，选用时应引起足够重视。

（3）可溶性型芯　用水溶性盐类制作型芯或作为黏结剂制作的型芯为水溶性型芯。此类型芯有较高的常温强度和高温强度，低的发气性，好的抗粘砂性，铸件浇注后用水即可方便地溶失型芯。水溶性型芯在砂型铸造、金属型铸造、压力铸造等工艺方法中都得到了一定的应用。

2. 砂芯设计

在铸件浇注位置和分型面等工艺方案确定后，就可根据铸件结构来确定砂芯如何分块（即采用整体结构还是分块组合结构）和各个分块砂芯的结构形状。确定时总的原则是：使造芯到下芯的整个过程方便，铸件内腔尺寸精确，不致造成气孔等缺陷，芯盒结构简单。

1）保证铸件内腔尺寸精度。凡铸件内腔尺寸要求较严的部分应由同一砂芯形成，不宜划分为几个砂芯。在铸件尺寸精度要求很高的地方，尽管结构很复杂，但仍采用整体砂芯。

2）保证操作方便。复杂的大砂芯、细而长的砂芯可分为几个小而简单的砂芯。大而复杂的砂芯，分块后芯盒结构简单，制造方便。细而长的砂芯，应分成数段，并设法使芯盒通用。砂芯上的细薄连接部分或悬臂凸出部分应分块制造，待烘干后再装配黏结在一起。

3）砂芯应有较大的填砂平面和运输及烘干时的支撑面。

4）在砂芯分块数量较多时，为便于砂芯组合、装配和检查，最好采用“基础砂芯”(其本身不是成型部分或只起部分铸型作用)，在它的上面预先组合大部分或全部砂芯，然后再整体下芯。

除上述几条原则外，还应使每块砂芯有足够的断面，保证有一定的强度和刚度，并能顺利排出砂芯中的气体；使芯盒结构简单，便于制造和使用等。

3.3.2 手工造芯方法

造芯分为机器造芯和手工造芯。机器造芯的生产效率高，紧实均匀，型芯质量好，但设备投资大，适用于成批大量生产。手工造芯不需要制芯设备，工艺装备简单，应用较普遍。根据型芯的大小和复杂程度，手工造芯用芯盒来完成，如图 3-6 所示。

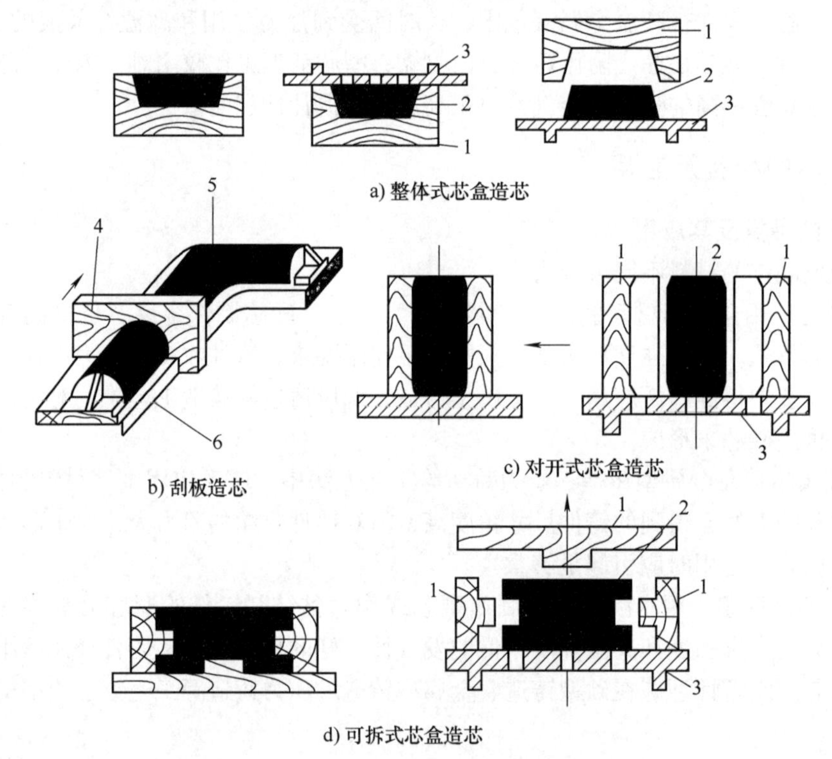

图 3-6 芯盒制芯

1—芯盒 2、5—型芯 3—烘干底板 4—刮板 6—导向基准面

3.4 金属的熔炼与浇注

在铸造生产中，铸铁件占铸件总重量的 70%~75%，其中绝大多数采用灰铸铁。

3.4.1 铸铁的熔炼

1. 冲天炉的构造

冲天炉是铸铁的熔炼设备，如图3-7所示。炉身是用钢板弯成的圆筒形，筒内砌耐火砖炉衬。炉身上部有加料口、烟囱、火花罩，中部有热风胆，下部有风带，风带通过风口与炉内相通。从鼓风机送来的空气，通过热风胆加热后经风带进入炉内，供燃烧用。风口以下为炉缸，熔化的铁液及炉渣从炉缸底部流入前炉。冲天炉的大小以每小时能熔炼出铁液的质量来表示，常为1.5~10t/h。

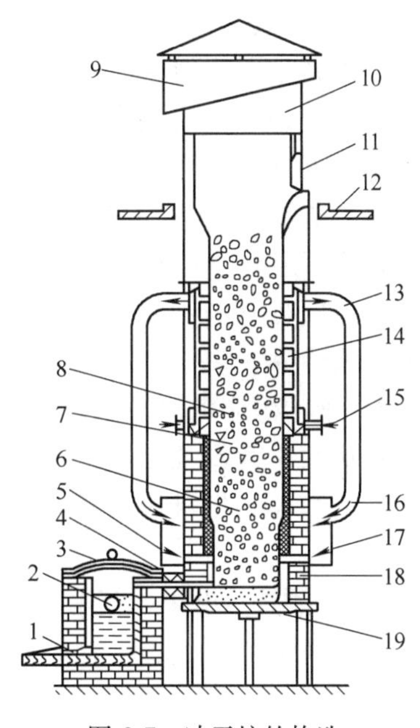

图3-7 冲天炉的构造

1—出铁口 2—出渣口 3—前炉 4—过桥 5—风口 6—底焦 7—金属料 8—层焦 9—火花罩 10—烟囱 11—加料口 12—加料台 13—热风管 14—热风胆 15—进风口 16—热风 17—风带 18—炉缸 19—炉底门

2. 冲天炉的炉料

（1）金属料 金属料包括生铁、回炉铁、废钢和铁合金等。生铁是铁矿石经高炉冶炼后的铁碳合金块，是生产铸铁件的主要材料；回炉铁如浇口杯、冒口和废铸件等，利用回炉铁可节约生铁用量，降低铸件成本；废钢是机加工车间的钢料头、钢切屑等，加入废钢可降低铁液中的碳含量，提高铸件的力学性能；铁合金如硅铁、锰铁、铬铁以及稀土铁合金等，用于调整铁液化学成分。

（2）燃料 冲天炉多用焦炭作燃料。通常焦炭的加入量一般为金属料加入量的1/12~1/8，这一数值称为焦铁比。

（3）溶剂 溶剂主要起稀释熔渣的作用。在炉料中加入石灰石和萤石等矿石，会使熔渣与铁液容易分离，便于把熔渣清除。溶剂的加入量为焦炭加入量的25%~30%。

3. 冲天炉的熔炼原理

冲天炉工作时，炉料从加料口加入，自上而下运动，被上升的高温炉气预热，温度升高；鼓风机鼓入炉内的空气使底焦燃烧，产生大量的热。当炉料下落到底焦顶面时，开始熔化。铁液在下落过程中被高温炉气和灼热的焦炭进一步加热（过热），过热的铁液温度可达1600℃左右，然后经过桥流入前炉。此后铁液温度稍有下降，最后出铁温度为1380~1430℃。

冲天炉内铸铁熔炼的过程并不是金属炉料简单重熔的过程，而是包括一系列物理、化学变化的复杂过程。熔炼后的铁液成分与金属炉料相比较，碳含量有所增加；硅、锰等合金元素含量因烧损会降低；硫含量升高，这是由于焦炭中的硫进入铁液所致。

3.4.2 铸钢的熔炼

铸钢常用的熔炼设备主要有电弧炉和感应炉。其中感应电炉的结构如图3-8所示。感应电炉是根据电磁感应和电流热效应原理，利用炉料内感应电流产生的热能熔化金属。盛装金属炉料的坩埚外绕有一个纯铜管感应线圈，当感应线圈中通以一定频率的交流电时，在其内外形成相同频率的交变磁场，使金属炉料内产生强大的感应电流，也称涡流。涡流在炉料中产生的电阻热使炉料熔化和过热。熔炼中为保证尽可能大的电流密度，感应线圈中应通水冷却。铸钢熔炼时使用耐火材料坩埚。

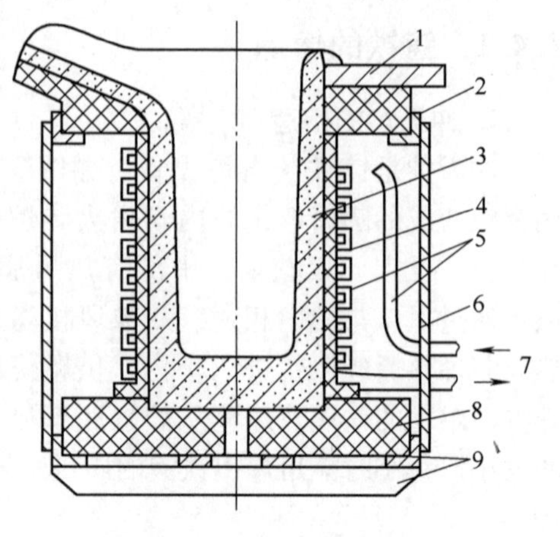

图 3-8　感应电炉结构
1—水泥石棉盖板　2—耐火砖上框
3—捣制坩埚　4—玻璃丝绝缘布
5—感应线圈　6—水泥石棉防护板
7—冷却水　8—耐火砖底座　9—边框

感应电炉按电源工作频率可分为以下三种：

1）高频感应电炉，频率在 10000Hz 以上，炉子最大容量在 100kg 以下，主要用于实验室和少量高合金钢熔炼。

2）中频感应电炉，频率为 250～10000Hz，炉子容量从几千克到几十吨，广泛用于优质钢和优质铸铁的冶炼，也可用于铸铜合金、铸铝合金的熔炼。

3）工频感应电炉，使用工业频率 50Hz，炉子容量在 500kg 以上，最大可达 90t，广泛用于铸铁熔炼，还可用于铸钢、铸铝合金、铸铜合金的熔炼。

感应电炉熔炼的优点是：加热速度快，热效率高；加热温度高且可控，最高温度可达 1650℃以上，故可熔炼各种铸造合金；元素烧损少，吸收气体少；合金液成分和温度均匀，铸件质量高。所以，感应电炉得到越来越广泛的应用。感应电炉的缺点是耗电量大，去除硫、磷等有害元素作用差，要求金属炉料硫、磷含量低。

3.4.3　有色金属合金的熔炼

有色金属合金主要是铜合金、铝合金等，其熔炼特点是金属炉料不与燃料直接接触，以减少金属的损耗，保持金属液的纯净，一般多采用坩埚炉熔炼。坩埚炉根据所用热源不同，有焦炭坩埚炉、电阻坩埚炉等不同形式。焦炭坩埚炉利用焦炭燃烧产生的高温熔炼金属，电阻坩埚炉利用电流通过电热元件产生的热量熔炼金属。通常的坩埚有石墨坩埚和铁质坩埚两种。石墨坩埚用耐火材料和石墨混合烧制而成，可用于熔点较高的铜合金的熔炼。铁质坩埚由铸铁铸造而成，可用于铝合金等低熔点合金的熔炼。

3.4.4　浇注

把金属液浇入铸型的过程称为浇注。浇注是铸造生产中的一个重要环节。浇注工艺是否合理，不仅影响铸件质量，还涉及工人的安全。

1. 浇注工具

浇注常用工具有浇包（见图 3-9）、挡渣沟等。浇注前应根据铸件大小、批量选择容量合适的浇包，并对浇包和挡渣沟等工具进行烘干，以免降低金属液温度及引起液体金属的飞溅。浇包有手提浇包、抬包和吊包三种，其容量依次增大。

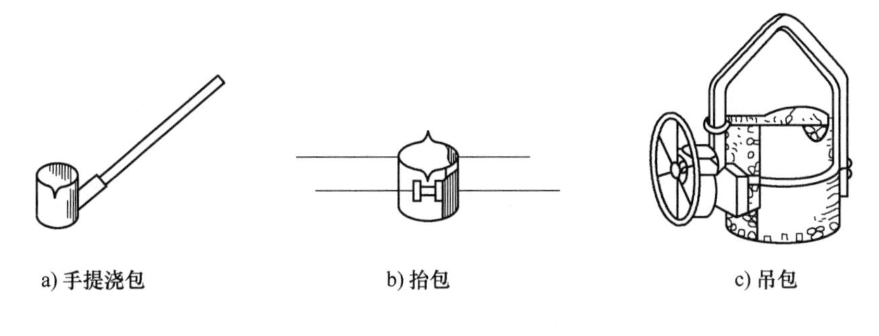

图 3-9　浇包

2. 浇注工艺

（1）浇注温度　浇注温度过高，铁液在铸型中收缩量增大，易产生缩孔、裂纹及粘砂等缺陷；温度过低则铁液流动性差，容易出现浇注不足、冷隔和气孔等缺陷。浇注温度应根据合金种类和铸件的大小、形状及壁厚来确定。对于形状复杂的薄壁灰铸铁件，浇注温度为1400℃左右；对于形状较简单的厚壁灰铸铁件，浇注温度为1300℃左右即可；而铝合金液的浇注温度一般在700℃左右。

（2）浇注速度　浇注速度太慢，铁液冷却快，易产生浇不足、冷隔及夹渣等缺陷；浇注速度太快，则会使铸型中的气体来不及排出而产生气孔，同时易造成冲砂、抬箱和跑火等缺陷。铝合金液浇注时勿断流，以防铝液氧化。

（3）浇注的操作　浇注前应估算好每个铸型需要的金属液量，安排好浇注路线，浇注时应注意挡渣。浇注过程中要始终保持外浇口处于充满状态，这样可以防止熔渣和气体进入铸型。浇注结束后，应将浇包中剩余的金属液倾倒到指定地点。

（4）浇注时的注意事项

1）浇注是高温操作，必须注意安全，必须穿着白帆布工作服和工作皮鞋。

2）浇注前，必须清理浇注时进行的通道，预防意外跌撞。

3）必须烘干烘透浇包，检查砂型是否紧固。

4）浇包中金属液不能盛装太满，吊包液面应低于包口100mm左右，抬包和手提浇包的液面应低于包口60mm左右。

3.5　铸件的落砂、清理及缺陷分析

3.5.1　落砂

从砂型中取出铸件的工作称为落砂。落砂时应注意落砂的温度：落砂过早，铸件温度过高，暴露于空气中急速冷却，易产生过硬的白口组织及形成铸造应力、裂纹等；落砂过晚，将占用生产场地和砂箱时间过长，生产效率降低。应在保证铸件质量的前提下尽早落砂。一件铸件落砂温度在400～500℃之间。形状简单，质量小于10kg的铸件，可在浇注后20～40min落砂；10～30kg的铸铁件，可在浇注后30～60min落砂。落砂的方法有手工落砂和机械落砂两种，大量生产中采用各种落砂机进行落砂。

3.5.2 清理

落砂后的工件必须经过清理工序，才能使铸件外表面达到要求。清理工作包括下列内容：

（1）切除浇冒口　铸铁件可用铁锤直接敲掉浇冒口，铸钢件要用气割或锯割的方法切除，有色金属合金铸件则用锯割切除。大量生产时，用专用的设备切除浇冒口。

（2）清除砂芯　铸件内部的砂芯可用手工或振动出机芯清除。

（3）清除粘砂　主要采用机械抛丸方法清除铸件表面粘砂。利用履带式抛丸清理机内高速旋转的叶轮，将抛丸以 70~80m/s 的速度抛射到转动的铸件表面上，可清除粘砂，细小飞翅及氧化皮等缺陷。小型铸件可采用抛丸清理滚筒、履带式清理机，大、中型铸件可用抛丸室、抛丸台等设备清理。生产量不大时也可手工清理。

（4）铸件的修整　利用砂轮机、手凿和风铲等工具去掉在分型面或分头处产生的飞翅、毛刺和残留的浇冒口痕迹等。

3.5.3 铸件的缺陷分析

在实际生产中，常需对铸件缺陷进行分析，其目的是找出生产缺陷的原因，以便采取措施加以防范。铸件的缺陷很多，常见的缺陷及产生原因见表 3-1。具有缺陷的铸件是否确定为废品，必须根据铸件的用途、要求、缺陷产生的部位及缺陷的严重程度来综合衡量。

表 3-1　常见的铸件缺陷及产生的主要原因

缺陷名称	特征	产生的主要原因
气孔	在铸件的内部或表面有大小不等的光滑孔洞	型砂含水过多，透气性差；起模和修模时刷水过多；砂芯烘干不良或砂芯通气口堵塞；浇注温度过低或浇注速度过快等
缩孔 补缩冒口	缩孔多分布在铸件断厚面处，形状不规则，孔内粗糙	铸件结构不合理，如壁厚相差过大，造成局部金属积聚；浇注系统和冒口的位置不对，或冒口过小；浇注温度太高，或金属化学成分不合格，收缩过大
砂眼	在铸件内部或表面有充塞砂粒的孔眼	型砂和芯砂强度不够；砂型和砂芯的紧实度不够；合箱时铸型局部损坏，浇注系统不合理，冲坏了铸型
粘砂	铸件表面粗糙，粘有砂粒	型砂和芯砂的耐火性不够；浇注温度太高；未刷涂料或涂料太薄

（续）

缺陷名称	特征	产生的主要原因
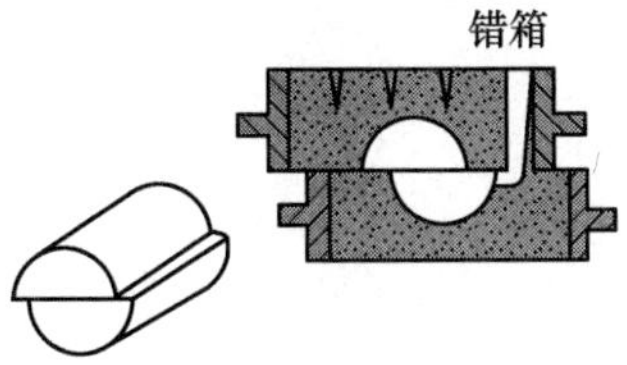 错箱	铸件在分型面有错移	模样的上半模和下半模未对好；合箱时，上，下砂箱未对准
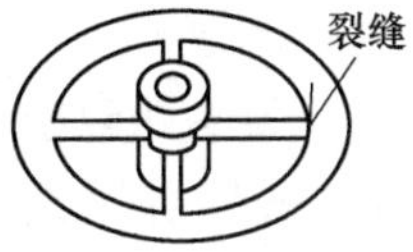 裂缝	铸件开裂，开裂处金属表面氧化	铸件结构不合理，壁厚相差太大；砂型和砂芯的退让性差；落砂过早
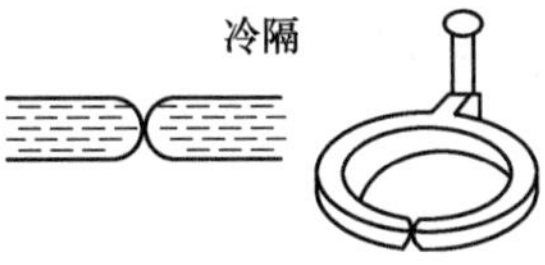 冷隔	铸件上有未完全熔合的缝隙或洼坑，其交接处是圆滑的	浇注温度太低；浇注速度太慢或浇注过程中有中断；浇注系统位置开设不当或浇道太小

第4章　焊　　接

4.1　概述

焊接是指通过加热或同时加热加压的方法，使分离的焊件金属之间产生原子间结合力而连成一体的连接方法。它是一种重要的金属加工工艺手段，在现代工业生产中广泛用来制造各种金属结构和机械零件。

焊接属于一种不可拆卸的连接。与铆接相比，焊接方法省工节料，接头的致密性好，焊接过程便于实现机械化和自动化。通过焊接还可以将型材、冲压件、锻件拼焊成组合体结构，用于制造大型零件毛坯。

焊接方法的种类很多，按照焊接过程的物理特点，焊接的基本方法可分为三大类：熔化焊、压力焊、钎焊。熔化焊的具体方法有焊条电弧焊、气焊、埋弧自动焊、气体保护焊、电渣焊、等离子弧焊等，以焊条电弧焊和气焊在实际生产中的应用较为普遍。

4.2　焊条电弧焊

4.2.1　基本知识

焊条电弧焊利用电弧放电所产生的高热量，将焊条和被焊金属局部加热至熔化，经冷凝后完成焊接。焊条电弧焊的过程如图4-1所示：将工件和焊钳分别连接到电焊机的两个电极上，并用焊钳夹持焊条；将焊条与工件瞬时接触，随即将焊条提起，在焊条与工件之间便产生了电弧；电弧区的温度很高，中心处最高温度可达6000~8000K，将工件接头附近的金属和焊条熔化，形成焊接熔池；随着焊条沿焊接方向陆续移动，新的焊接熔池不断形成，原先熔化了的金属迅速冷却和凝固，形成一条牢固的焊缝，将分离的金属焊接为整体。

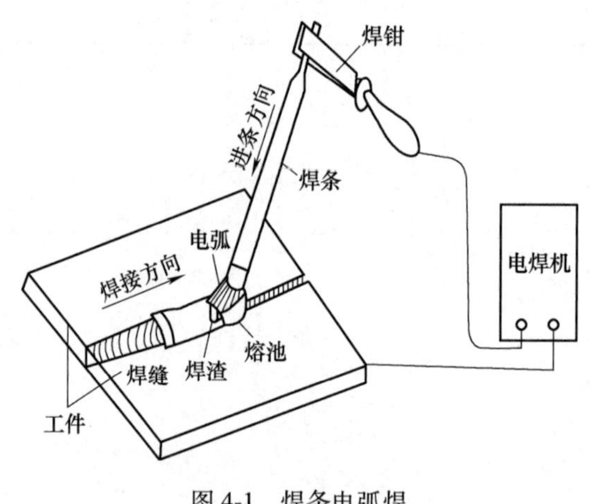

图4-1　焊条电弧焊

1. 电焊机和焊钳

焊条电弧焊使用的电焊机有交流电焊机和直流电焊机两种。

（1）交流电焊机　交流电焊机是一种特殊的降压变压器（见图4-2），它能将220V或380V的电源电压降至空载时的60~70V和电弧燃烧时的20~35V，能输出几十安培到几百安培的电流，并可以根据需要很方便地调整焊接电流的大小。电流的调节可分为粗调和细调两级：粗调是改变输出抽头的接法，调节范围大，如BXJ-330型电焊机的粗调共分两档，一档为50~100A，另一档为160~450A；细调是旋转调节手柄，将电流调节到所需要的数值。交流电焊机的结构简单，制造和维修方便，价格低廉，工作时噪声小，应用比较广泛。它的缺点是焊接电弧不够稳定。

（2）直流电焊机 直流电焊机由交流电动机和特殊的直流发电机组合而成，如图4-3所示。交流电动机带动直流发电机旋转，发出满足焊接要求的直流电，其空载电压为50~80V，工作电压约为30V，电流调节范围为45~320A，同样也可分为粗调和细调两级。

直流电焊机在工作时有正接法和反接法两种接线方法：正接法为工件接正极，焊条接负极；反接法为工件接负极，焊条接正极。由于电弧正极区的温度较高，负极区的温度较低，因此采用正接法时工件的温度较高，常用于焊接黑色金属；采用反接法时工件的温度较低，常用于焊接有色金属和较薄钢板件。直流电焊机的焊接电弧稳定，可以适应各种焊条的焊接，但它的结构复杂，价格较昂贵。

对于交流电焊机和直流电焊机，它们的规格都是以正常工作时可能供给的最大电流表示，如BXJ-330表示额定电流为330A的交流电焊机。

图4-2 交流电焊机

图4-3 直流电焊机

（3）焊钳和面罩 焊钳的作用是夹持焊条和传递焊接电流，面罩的作用是保护操作人员的眼睛和面部免被弧光灼伤。在焊条电弧焊时必须使用面罩作业，切不可裸眼直视弧光进行操作。

2. 电焊条

电焊条由金属焊芯和焊条药皮组成。金属焊芯既是焊接时的电极，又是填充焊缝的金属材料；焊条药皮由矿石粉、铁合金粉、水玻璃等配制而成，粘涂在金属焊芯的外面，其作用是帮助电弧引燃并保持电弧稳定燃烧，保护焊接熔池内的高温熔融金属不被氧化，以及补充被烧损的合金元素，提高焊缝的力学性能。

按被焊接零件的材料不同，电焊条有低碳钢焊条、合金钢焊条、不锈钢焊条、铸铁焊条、铜及铜合金焊条、铝及铝合金焊条等。电焊条直径以金属焊芯的直径尺寸表示，常用电焊条的焊芯直径为3.2~6mm，长度为300~450mm。

3. 焊接接头、坡口、焊缝位置

在焊条电弧焊中，由于产品的结构形状、材料厚度和焊件质量的要求不同，需要采用不同类型的接头和坡口进行焊接。

焊接接头有对接接头、搭接接头、角接接头和T形接接头等多种，如图4-4所示。

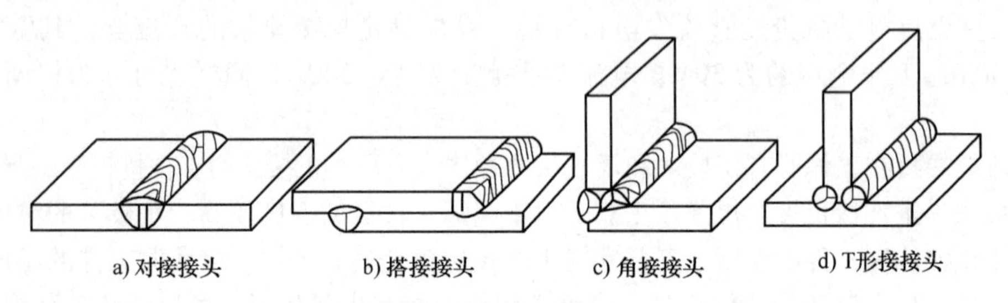

图4-4　焊接接头类型

对接接头的受力比较均匀，是最常用的焊接接头类型。当被焊件较薄时，对接接头可不开坡口，仅需在被焊件接头之间留出适当的间隙即可。当工件厚度小于3mm时可以单面施焊；当工件厚度为4~6mm时需要双面施焊；当工件厚度大于6mm时为了保证焊透，必须预先开出焊接坡口。各种形状的坡口如图4-5所示：V形坡口的加工比较方便，但加工量比较大；X形坡口由于焊缝两面对称，焊接应力和焊接变形较小，而且在厚度相同时，X形坡口比V形坡口的加工量小，节省焊条；当焊接锅炉、高压容器等重要的厚壁构件时，需要采用U形坡口，这种坡口容易焊透，且工件变形小，但加工坡口比较费时。除了对接接头之外，T形接头在生产中也常采用。与对接接头相似，对于较厚的焊件也可预先开出各种形式的坡口。搭接接头受力时将产生附加弯矩，且金属消耗量较大，一般应避免采用。角接接头的受力情况相对复杂，强度比较低，在生产中很少采用。

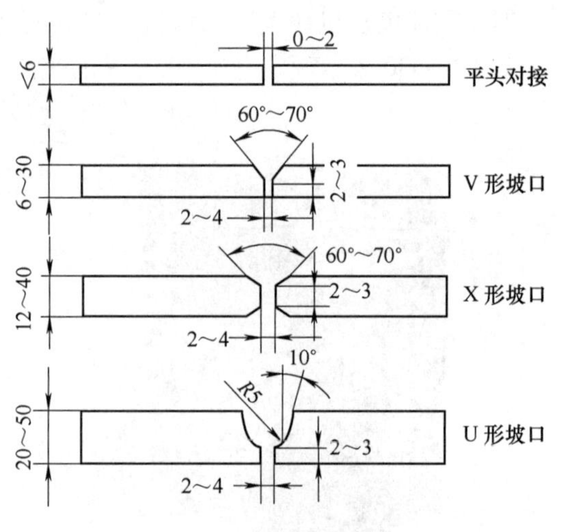

图4-5　对接接头的坡口

按照焊缝在空间的操作位置不同，焊接方法可分为平焊、立焊、横焊和仰焊四种，如图4-6所示。平焊操作容易，操作人员的劳动强度低，焊缝的质量高；立焊、横焊和仰焊由于焊接熔池中的液态金属有滴落的趋势，操作比较困难，焊接质量不易保证，所以应尽可能地采用平焊。

4. 电焊条直径和焊接电流的选择

电焊条的直径和焊接电流的大小，是影响焊条电弧焊焊接质量与生产效率的重要因素。电焊条的直径取决于工件的厚度、接头类型、焊缝在空间的操作位置等，通常可按工件的厚度选取。例如，平焊低碳钢时，电焊条直径可按表4-1选取。

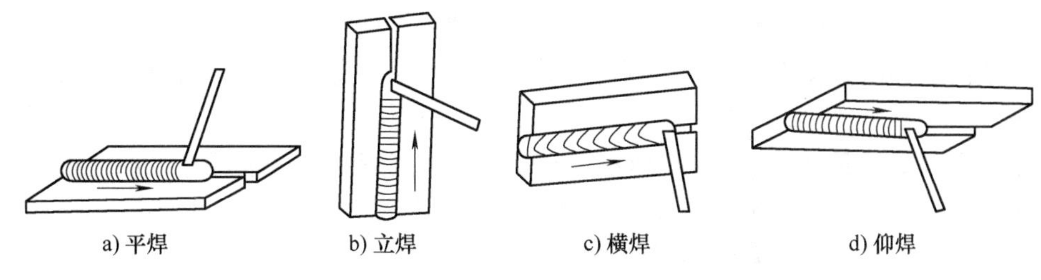

图 4-6 焊缝的位置

表 4-1 电焊条直径的选择

焊件厚度/mm	2	3	4~5	6~12	>12
焊条直径/mm	2	3.2	3.2~4	4~5	5~6

焊条电弧焊的焊接电流可参考工件的厚度，按电焊条的直径选取。当工件较厚、焊工的技术水平高、野外操作时，焊接电流宜取大值；在相同的焊接条件下，立焊比平焊时的焊接电流要减少 10%~15%，仰焊则应减少 15%~20%。

4.2.2 基本操作方法

焊条电弧焊的基本操作，主要包括“引弧”和“运条”。

1. 引弧

引弧就是将焊条与工件接触，形成瞬间短路，然后迅速将焊条提起 2~4mm，使焊条与工件之间产生稳定的电弧。

引弧的方法如图 4-7 所示，通常有敲击法和擦划法两种。敲击法是将焊条垂直地触及工件表面，然后迅速向上提起引弧，这种方法比较难掌握；擦划法类似模拟擦火柴的动作，将焊条在工件表面划一下即可引弧，这种方法比较容易掌握，但擦划法有时容易损伤工件的表面。

引弧时如果焊条和工件黏结在一起，可将焊条左右摇动后拉开；如果拉不开，则要松开焊钳，切断焊接电路，待焊条稍稍冷却之后再拉开。但应当注意：焊接短路的时间不可太长，以免烧坏电焊机。有时焊条与工件多次瞬时接触后仍不能引弧，这往往是焊条端部的药皮妨碍了导电，此时只需将焊条端部包住焊芯金属的药皮敲掉少许即可。

2. 运条

焊条电弧焊运条有三个基本动作，如图 4-8 所示：①引弧后，将焊条与工件平面倾斜，

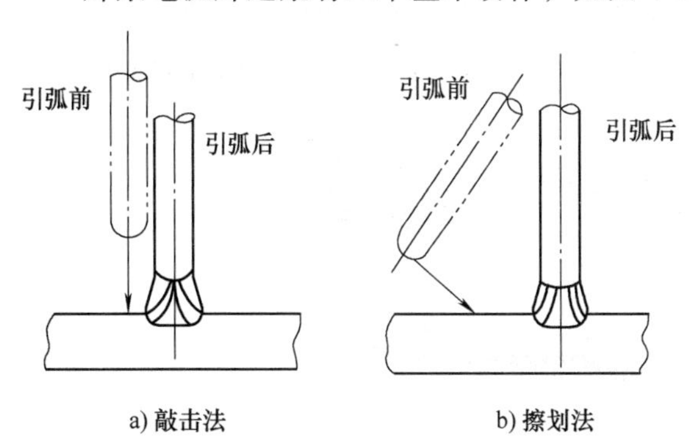

图 4-7 引弧的方法

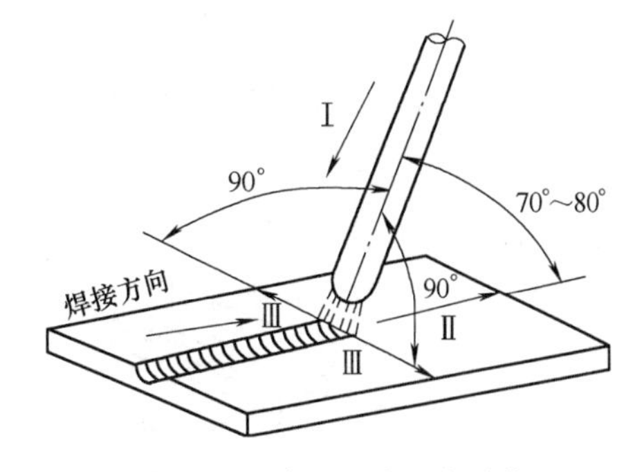

图 4-8 运条的三个基本动作

Ⅰ—向下送进 Ⅱ—沿焊接方向移动 Ⅲ—横向往复摆动

保持 70°~80°方位角，均匀地向下送进焊条，以维持一定的电弧长度；②将焊条沿焊接方向缓慢均匀地向前移动，使工件焊透；③焊条垂直于焊缝方向做横向往复摆动，以获得所需的焊缝形态。

焊条电弧焊的运条路径如图 4-9 所示：对于薄板、窄焊缝，可采用直线形运条或直线往返形运条；对于平焊、立焊缝，可采用锯齿形运条或月牙形运条；对于横焊、仰焊、立焊缝，可采用斜三角形运条或斜圆圈形运条。

为了便于定位和焊接装配，在较长焊缝正式施焊之前，应每隔一段距离定位焊一小段焊缝，使焊件的相对位置固定，这种操作通常称为焊接点固，如图 4-10 所示。

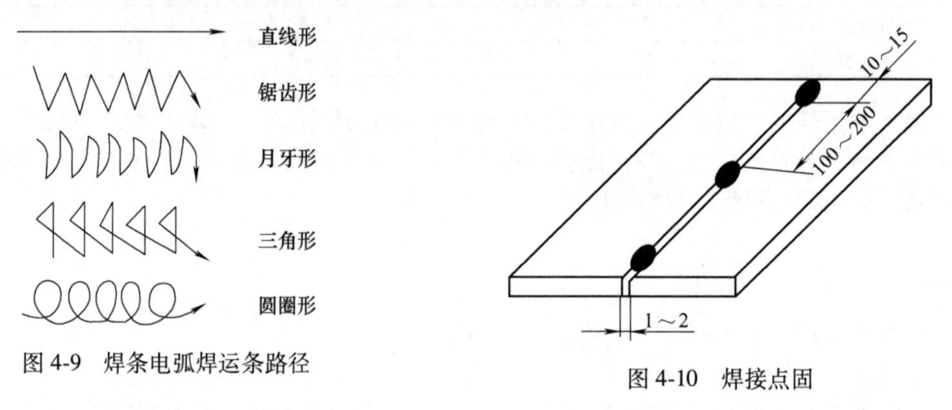

图 4-9　焊条电弧焊运条路径

图 4-10　焊接点固

4.2.3　焊接变形和焊接缺陷

1. 焊接变形

焊接过程中焊件受到不均匀局部加热，焊缝及其附近金属的温度场分布极不均匀，局部高温金属受到周围低温部分金属材料的限制无法自由膨胀，因此，冷却后的焊件将会发生纵向（沿焊缝长度方向）和横向（垂直焊缝长度方向）收缩，引起焊接工件变形；与此同时，在工件内部也不可避免地会产生残余应力，从而降低焊接结构的承载能力，并引起进一步的变形甚至产生裂纹。

焊接变形的基本形式如图 4-11 所示，主要有：尺寸收缩、角变形、弯曲变形、扭曲变形、翘曲变形等。焊接变形会降低焊接结构的尺寸精度，应当采取措施防止。防止和减少焊接变形的工艺措施主要有反变形法、加裕量法、刚性夹持法，以及选择合理的焊接次序等。

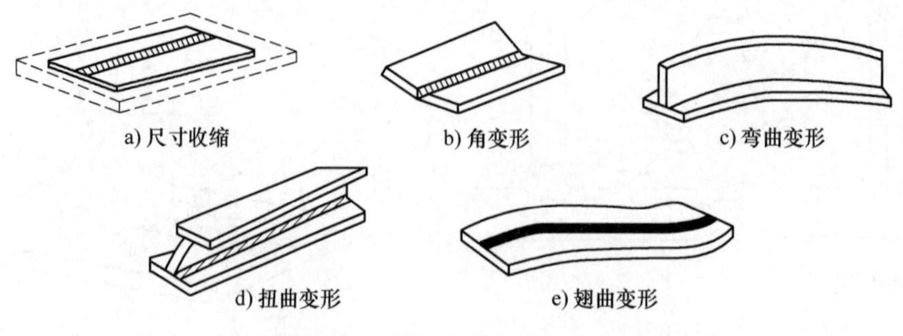

a) 尺寸收缩　b) 角变形　c) 弯曲变形　d) 扭曲变形　e) 翘曲变形

图 4-11　焊接变形的基本形式

如果已经发生了超过允许值的焊接变形，可以采用机械矫正法和火焰加热矫正法来进行矫正。此外，焊前预热和焊后退火处理对于减少焊接应力变形是很有效的方法，同时预热法对于减少焊接变形也很有帮助。

2. 焊接缺陷

由于焊接参数选择不当、操作技术不佳等原因，焊接过程中可能会产生焊接缺陷。焊接缺陷包括外观缺陷与内部缺陷两大类。焊接缺陷将会导致应力集中，使承载能力降低，因此必须采取措施尽量限制焊接缺陷的产生，努力减轻它的不良影响。焊接接头的外观缺陷如图4-12所示，主要有咬边、焊瘤、烧穿、未焊满等。其中，咬边是指焊缝表面与母材交界处产生的沟槽或凹陷。形成咬边的主要原因有焊接电流太大、电弧太长、操作不当等。焊瘤是指在焊接过程中，熔融金属流溢到焊缝之外未熔化的母材上，冷却后形成的金属瘤。

焊接接头的内部缺陷如图4-13所示，主要有：裂纹、气孔、夹渣、未焊透等。裂纹是在焊缝区或近缝区的焊件内部或表面产生的横向或纵向的微小缝隙，分为冷裂纹和热裂纹。产生裂纹的原因主要是材料（母材或焊接材料）选择不当、焊接工艺不正确等。

减少裂纹产生的措施有：合理设计焊接结构，合理安排焊接顺序，以及采取预热、缓冷等。气孔是焊缝表面或内部出现的微小孔洞。产生气孔的原因有焊条受潮、坡口未彻底清理干净、焊接速度过快、焊接电流不合适等。夹渣指的是残留在焊缝内部的熔渣。产生夹渣的原因为坡口角度过小、焊接电流太小、多层焊时清渣不够干净等。未焊透是指焊接接头的根部未完全熔合的现象，是由于焊接电流太小、焊速过快、坡口角度尺寸不合适等原因造成的。为了保证焊接产品的质量，焊接完工后一般都应根据产品的技术要求进行检验，生产中常用的检验方法有外观检查、着色检查、无损探伤密封性试验等。

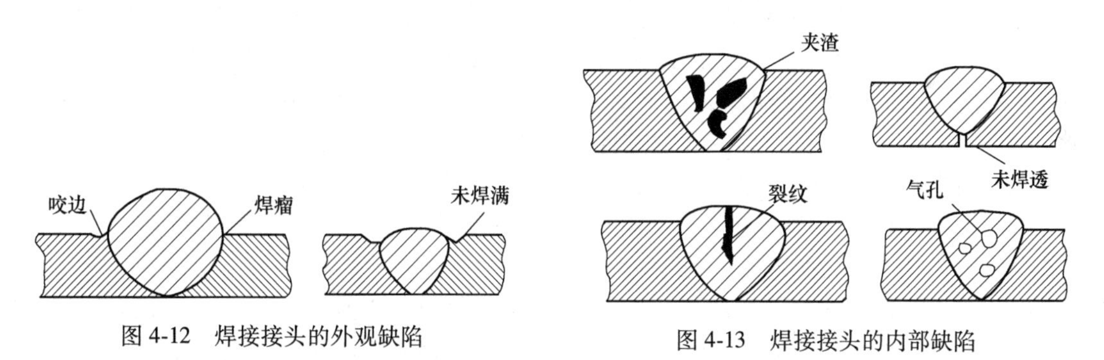

图4-12　焊接接头的外观缺陷

图4-13　焊接接头的内部缺陷

4.3 气焊与气割

4.3.1 基本知识

气焊与气割是利用气体的燃烧火焰热量进行金属焊接和切割的方法。生产中最常用氧乙炔焊，它的火焰温度最高可达3150℃，热量也较分散，加热工件缓慢，但比较均匀，适合于焊接0.5~2mm薄钢板件、有色金属件和铸铁等工件。气焊的另一个优点是不需使用电能，因此在没有电源的地方也可以应用。

1. 气焊设备

气焊设备如图4-14所示，主要由氧气瓶、氧气减压器、乙炔发生器（或乙炔瓶和乙炔减压器）、回火防止器、焊炬和气管等组成。

(1) 氧气瓶　氧气瓶是储存和运输高压氧气的钢质容器，一般容量为40L，储氧的最高压力为15MPa。氧气瓶外表涂蓝漆，瓶口上装有瓶阀和瓶帽，瓶壳周围装有橡胶防震圈。

(2) 减压器　减压器用于将气瓶中高压气体的压强降低到工作所需的低压范围内，并在气焊过程中保持气体压强基本稳定不变。

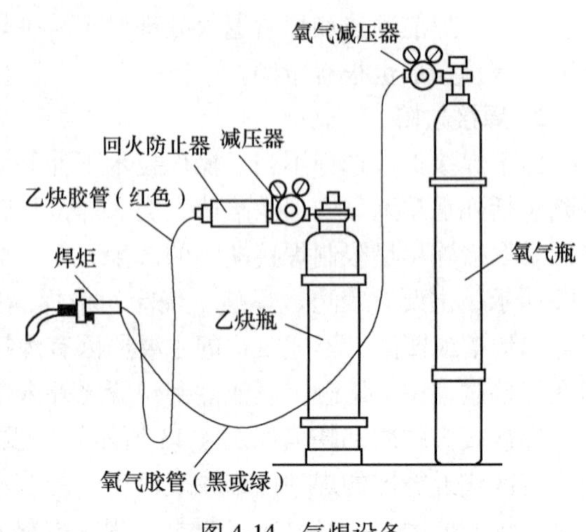

图4-14　气焊设备

(3) 乙炔发生器和乙炔瓶　乙炔发生器是使水与电石相接触进行化学反应，从而产生具有一定压强的乙炔气体的装置。我国主要应用的是中压式（0.045~0.15MPa）乙炔发生器，其结构形式有排水式和联合式两种。

乙炔瓶是储存和运输乙炔气的容器，其外表涂白漆，并用红漆标注“乙炔”字样。乙炔瓶内装有浸透丙酮的多孔性填料，使乙炔气体得以安全而稳定地储存于气瓶中。多孔性填料通常由活性炭、木屑、浮石和硅藻土混合制成。乙炔瓶的额定工作压力为1.5MPa，一般容量为40L。必须特别注意的是：乙炔瓶在搬运、装卸、使用时都应竖立放稳，严禁将乙炔瓶卧放在地面上直接使用，以免发生爆炸危险；如果万一需要使用已经卧放过的乙炔瓶，必须先将乙炔瓶扶正，竖立静止20min之后，方可连接乙炔减压器使用。

(4) 回火防止器　在气焊或气割过程中，如果遇有气体压力不足、焊嘴堵塞、焊嘴过热、焊嘴离焊件距离太近等情况，均可能发生火焰沿焊嘴回烧到输气管的现象，俗称“回火”。回火具有极大的安全隐患。回火防止器就是防止回火火焰向输气管路或气源回烧的一种安全保险装置，它有水封式和干式两种结构。

(5) 焊炬　焊炬的作用是将氧气和乙炔气按所需比例均匀混合，然后以确定的速度经由焊嘴喷出，点燃后形成具有足够能量和性质稳定的焊接火焰。按乙炔气进入混合室的方式不同，焊炬可分为射吸式和等压式两种。生产中最常用的是射吸式焊炬，其工作原理及构造如图4-15所示：工作时，高速氧气流从喷嘴4以极高速度射入射吸管3，将低压乙炔气吸入射吸管，两者在混合管2内充分混合；混合气由焊嘴1喷出，点燃成为高温焊接火焰。焊炬工作时应该先打开氧气阀门，后打开乙炔气阀门，两种气体便可在混合管内均匀混合。控制各阀门的大小，即可调节氧气和乙炔气的不同比例，从而改变气焊焊接火焰的温度和性质。一般焊炬应备有3~5个孔径不同的焊嘴，以便用于焊接不同厚度的工件。

(6) 气管　氧气橡胶管为黑色，内径为8mm，工作压力为1.5MPa；乙炔气橡胶管为红色，内径为10mm，工作压力为0.5MPa或1.0MPa。橡胶管的长度一般为10~15m。

2. 气焊火焰

气焊主要采用氧乙炔焰。调节氧气和乙炔气的混合比例，可以得到三种不同形态的火

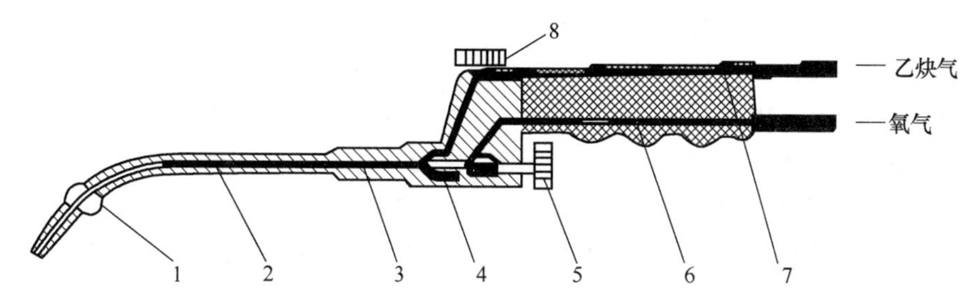

图4-15 射吸式焊炬的构造
1—焊嘴 2—混合管 3—射吸管 4—喷嘴 5—氧化阀 6—氧气导管 7—乙炔气导管 8—乙炔气阀

焰，即中性焰、氧化焰和碳化焰，它们对焊缝质量有十分重要的影响。

(1) 中性焰 中性焰如图4-16a所示，由焰心、内焰、外焰三部分组成。焰心1呈亮白色的圆锥体，温度较低；内焰2呈暗紫色，温度最高，适用于焊接；外焰3的颜色从淡紫色逐渐向橙黄色变化，温度递降，热量分散。当氧气和乙炔气的混合比为1~1.2时，气体燃烧过后无剩余氧或乙炔，燃烧充分、热量集中，产生中性焰，火焰温度可达3050~3150℃。中性焰的应用最广，低碳钢、中碳钢、铸铁、低合金钢、不锈钢、纯铜、锡青铜、铝及铝合金、镁合金等材料气焊时都使用中性焰。

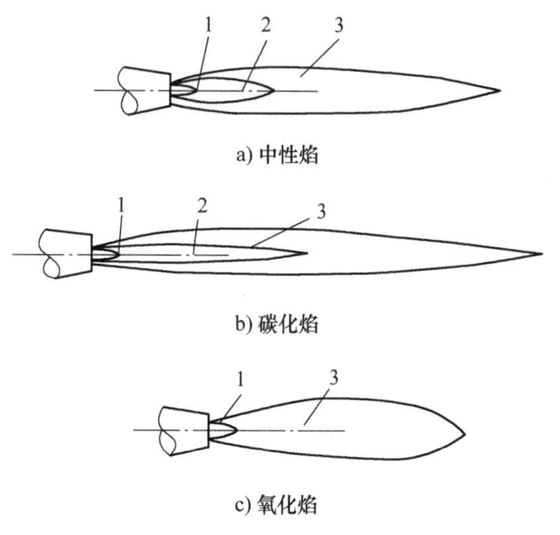

图4-16 氧乙炔焰的形态
1—焰心 2—内焰 3—外焰

(2) 碳化焰 碳化焰如图4-16b所示，整个火焰比中性焰长，呈蓝白色，发出的声音较弱，火焰温度最高达2700~3000℃。当氧气与乙炔气的混合比小于1时，部分乙炔气未燃烧完全，由于过剩乙炔气分解为碳粒和氢气，碳化焰具有还原性，使焊缝金属的含氢量增加，焊接低碳钢时有渗碳现象，所以碳化焰适用于高碳钢、铸铁、高速钢、硬质合金、铝青铜等的气焊。

(3) 氧化焰 氧化焰如图4-16c所示，焰心1短而尖，内焰区的氧化反应剧烈，火焰挺直发出“嘶嘶”声，温度可高达3100~3300℃。当氧气与乙炔气的混合比大于1.2时，燃烧过后的气体中仍有过剩的氧气，由于氧化焰易使金属氧化，焊接碳钢时容易产生气体并出现熔池沸腾现象，故一般很少采用，仅在焊接黄铜、锰黄铜、镀锌铁皮等材料时使用氧化焰。

4.3.2 气焊的基本操作

气焊的基本操作有点火、调节火焰、平焊焊接和熄火等几个步骤。

1）点火。气焊点火时，先把氧气阀门略微打开，然后再开大乙炔气阀门，即可点燃火焰。若有火焰爆破声，或者火焰点燃后立即熄灭，应当减少氧气或排放掉不纯的乙炔气，再次进行点火。

2）调节火焰。刚开始点燃的火焰是碳化焰，随后逐渐开大氧气阀门，调接成中性焰。

3）平焊焊接。气焊时，右手握持焊炬，左手拿焊丝。焊接刚开始时，为了尽快地加热和熔化工件形成焊接熔池，焊嘴的倾角应为 80°~90°，如图 4-17 所示；进入正常焊接阶段时，焊嘴的倾角一般应保持在 40°~50°之间，将焊丝有节奏地填入熔池熔化，焊炬和焊丝自右向左移动，移动速度要均匀合适，保持熔池一定大小。为了使工件能焊透，以获得良好的焊缝，焊炬和焊丝需做横向摆动，焊丝还要向熔池送进。

4）熄火。工件焊完熄火时，应该先关乙炔气阀门后关氧气阀门，以免发生回火，并可减少烟尘。

4.3.3 氧气切割

氧气切割简称气割，是利用高温金属在纯氧中燃烧氧化而将工件分离的加工方法。气割时，先用氧乙炔焰将金属预热到接近熔点温度，碳钢为 1100~1150℃，呈淡黄色；然后开大氧气开关，送出多量高压纯氧，使高温熔融金属迅速氧化，生成氧化物熔渣并被高压氧气吹走，形成气割切口，如图 4-18 所示；金属在氧化燃烧时放出大量的热，被用于预热工件待切割的部分；随着割炬缓慢移动，即可完成氧气切割全过程。气割时需要使用割炬，它与焊炬的结构不同，增加了输送切割氧气的管道，割嘴的结构也不一样，如图 4-19 所示。气割的操作方便，生产率较高，切口较平整，能切割形状复杂和较厚的工件，适用于低碳钢和中碳钢的切割成形加工。

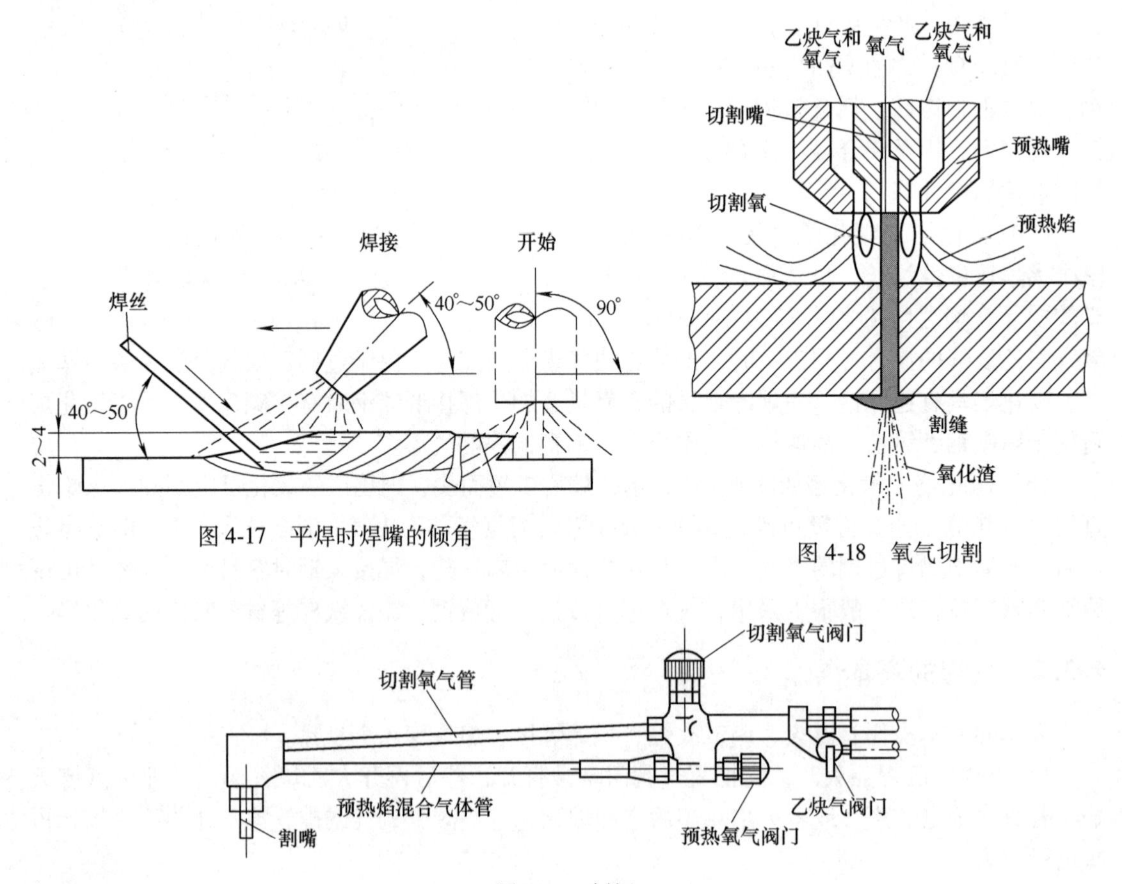

图 4-17 平焊时焊嘴的倾角

图 4-18 氧气切割

图 4-19 割炬

4.4 其他焊接方法

4.4.1 气体保护焊

采用电弧焊焊接易氧化金属（如铝、铝合金、高合金钢）时，由于浮在焊接熔池表面起保护作用的熔渣中含有氧化物，因此不容易得到优质的焊接接头。为了保护焊缝，提高焊接质量，需要采用气体保护焊。

气体保护焊是利用二氧化碳、氩气等不活泼气体作为保护介质，将高温熔焊区与周围空气隔绝开来，防止空气中的活泼气体对焊缝金属产生不良影响。工业上常用的气体保护焊有氩弧焊和二氧化碳气体保护焊。

1. 氩弧焊

氩弧焊是以氩气为保护气体的气体保护焊。按照电极结构不同，氩弧焊可分为熔化极氩弧焊和非熔化极氩弧焊两种。熔化极氩弧焊如图 4-20a 所示，采用由送丝轮机构连续送进的金属焊丝作为一个电极引弧，焊接时金属焊丝不断熔化滴入焊接熔池填充焊缝，成为焊缝的组成部分；非熔化极氩弧焊如图 4-20b 所示，它采用钨棒作为一个电极引弧，由于钨的熔点极高，焊接时钨棒电极不熔化，借助电弧的高热使被焊接工件材料局部熔化，相互熔合形成焊缝。如果焊缝较大，非熔化极氩弧焊在焊接时也可以另加填充焊丝，补充焊缝。

氩气属于惰性气体，它既不与金属起化学反应，也不溶于液态金属。在氩弧焊焊接时，氩气包围着电弧和焊接熔池，使电弧稳定地燃烧，因此热量集中，工件变形小，焊缝致密，表面无熔渣，成形美观，焊接质量高。氩弧焊适合焊接所有钢材、有色金属及其合金，但因氩气的制备费用较高，氩弧焊设备也比较复杂，目前主要用于铝、镁、钛和稀有金属材料的焊接，以及合金钢、模具钢、不锈钢的焊接。

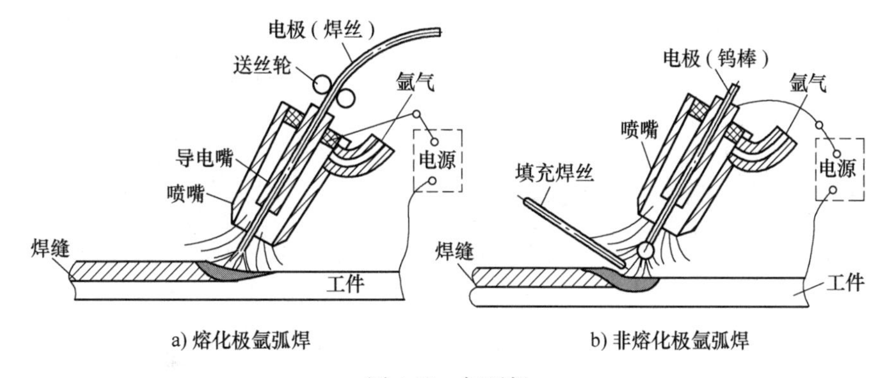

a) 熔化极氩弧焊　　b) 非熔化极氩弧焊

图 4-20 氩弧焊

2. 二氧化碳气体保护焊

二氧化碳气体保护焊简称 CO_2 焊，是利用 CO_2 作为保护气体的一种电弧焊方法。CO_2 焊属于熔化极焊接方式，它的工作原理如图 4-21 所示。与焊条电弧焊相比较，CO_2 焊对熔池的保护效果好，焊接变形小，焊缝的质量比较理想，不需清渣，生产效率较高，既可以焊接低碳钢和低合金钢，也很适合焊接高合金钢，特别适合于焊接薄板类零件。CO_2 气体的价格低廉，生产成本适中。但是 CO_2 在高温条件下可分解出氧原子，使电弧气氛具有强烈的氧化性，容易氧化烧损焊缝金属中的碳、硅、锰等有益元素和出现气孔，因此必须使用含锰、硅等脱氧元素较多的金属焊丝。此外，当使用较大电流焊接时，CO_2 焊的金属飞溅较严重，焊缝表面成形不够美观，需要使用直流电源。CO_2 焊所使用的焊接设备如图 4-22 所示。

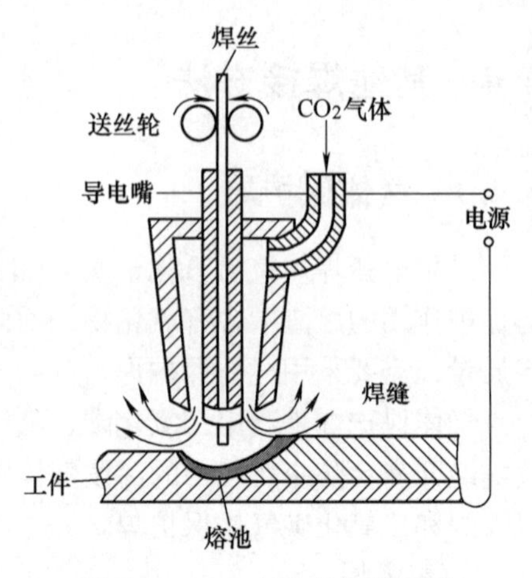

图 4-21　CO_2 气体保护焊原理

4.4.2　电阻焊

电阻焊又称接触焊，它是利用电流通过焊件接头的接触面及邻近区域产生的电阻热，将焊件加热到塑性状态或局部熔融状态，再在压力作用下形成牢固接头的一种压力焊接方法。电阻焊的基本形式如图 4-23 所示，有点焊、缝焊和对焊三种。

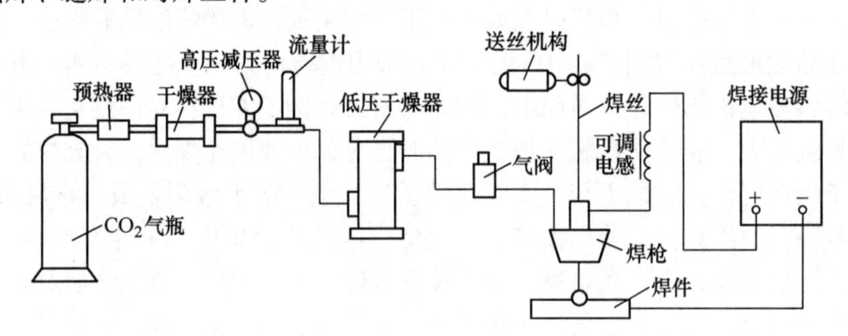

图 4-22　CO_2 焊的设备

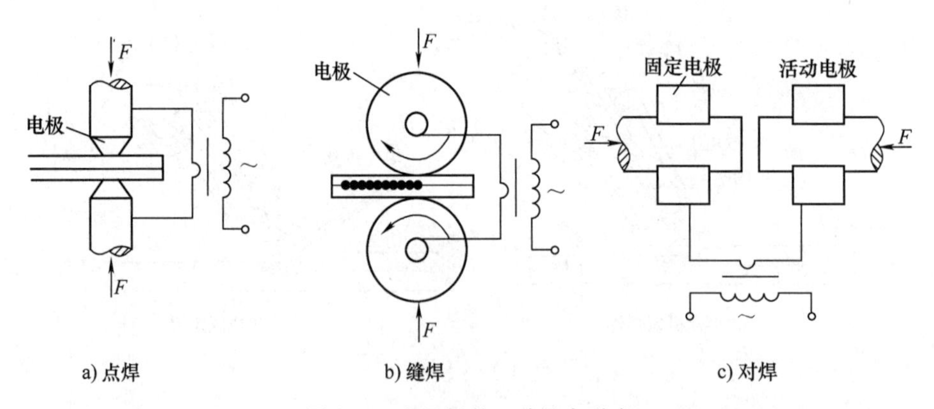

图 4-23　电阻焊的三种基本形式

电阻焊具有操作简单，焊缝质量好，生产效率高，不需要填充金属，焊接变形小，生产成本低，易于实现机械化和自动化作业等一系列优点。电阻焊焊接时的焊接电压很低（几伏至十几伏），但焊接电流很大（几千安至几万安），故要求电源功率较大。电阻焊通常适用于成批、大量生产方式。

1. 点焊

点焊主要用于薄板壳体和厚度较薄的钢板构件搭接。点焊使用的设备称为点焊机。点焊机的工作原理如图4-24所示：焊接时，先将被焊工件放到圆柱形纯铜上、下电极之间，用脚踩住踏板对工件预加压；接通低压大电流，在极短时间内因大电流短路使被焊工件触点附近加热到熔融状态，然后立即断电；断电后，圆柱形纯铜上、下电极之间继续保持加压，工件在压力作用下互相贴紧融合并冷却、凝固，形成一个组织致密的焊点。重复上述操作，即可得到所需的焊接效果。点焊机较长时间工作时，为了防止点焊机的变压器、纯铜电极、电极臂等零部件过度发热，通常可以采用循环水进行冷却。

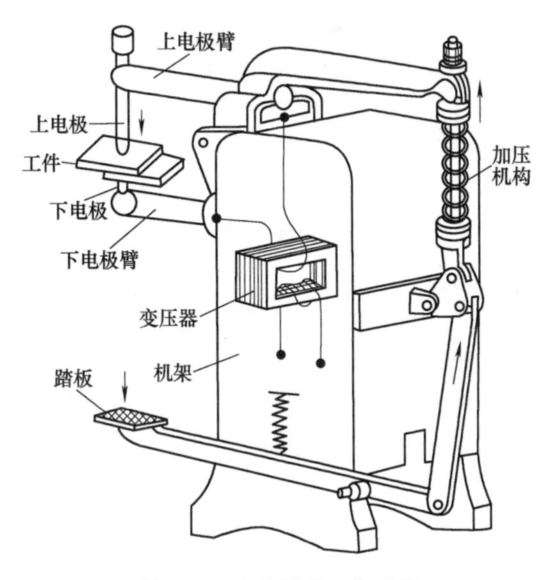

图4-24 点焊机的工作原理

2. 对焊

根据焊接过程的不同，对焊可分为电阻对焊和闪光对焊两种。

(1) 电阻对焊 电阻对焊机的工作原理如图4-25所示。电阻对焊机由变压器、夹钳、加压机构、机架等部件组成。电阻对焊时，将两被焊工件的端面修整光洁后，牢固夹持在对焊机的固定夹钳和活动夹钳内；借助于加压机构施加预压力，使两被焊工件的端面相互压紧；通电加热升温，使接头附近红热到呈黄白色半熔融状态时断电，同时继续施加较大的压力 F，使两被焊工件的端面接触处产生塑性变形，融合于一体形成牢固的接头。电阻对焊常用于焊接直径小于20mm的圆钢和强度要求不高的工件。

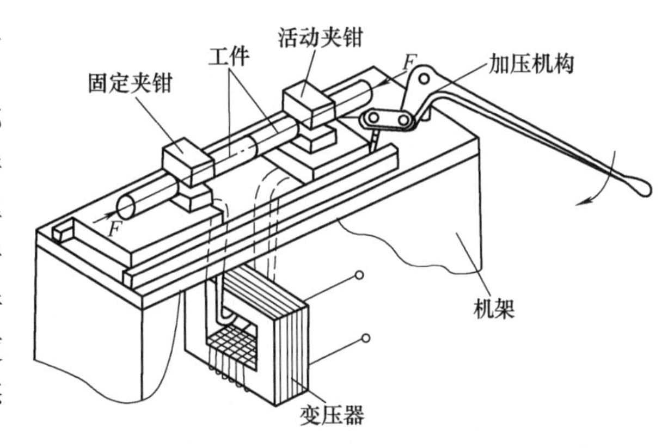

图4-25 电阻对焊机的工作原理

电阻对焊的操作简便，接头质量较好，但焊接之前对被焊工件端面的清洁度要求高，否则工件端面的杂质和氧化物在焊接过程中很难排除，容易造成焊接接头夹渣或未焊透等缺陷。

(2) 闪光对焊 闪光对焊是将两被焊工件牢固装夹在夹钳内，先通电，然后逐渐移动工件使接头相互接触；由于两端面不够平整，开始时仅有几个点接触，电流经少数接触点流过时的电流密度很大，接触点被电阻热迅速地加热到熔化甚至汽化状态，在电磁力的作用下发生爆裂，火花向四周溅射产生闪光现象；继续移动工件，新接触点的闪光过程连续产生；如此反复使工件整个端面被加热到熔化时，迅速加压、断电，再继续加压，就能焊接成功。

闪光对焊对被焊工件端面的预加工和清洁度要求不太高，被焊工件端面的残留杂质和氧化物在闪光对焊过程中会随着溅射火花被带出或被液态金属挤出，焊接接头的质量很好，应用比较普遍。闪光对焊的缺点是金属损耗较多。

4.4.3 钎焊

钎焊是利用熔点比母材低的填充金属（称为钎料）熔化后填充到被焊接件的焊缝之中，并使之连接起来的一种焊接方法。钎焊的特点是焊接过程中钎料熔化填充焊缝，而被焊件只加热到高温而不熔化。

按钎料的熔点不同，钎焊可分为硬钎焊和软钎焊两种。

1. 硬钎焊

钎料熔点高于450℃的钎焊，称为硬钎焊。硬钎焊常用的钎料有铜基钎料和银基钎料等。硬钎焊的焊接接头强度较高，适用于钎焊受力较大、工作温度较高的焊件。

2. 软钎焊

钎料熔点在450℃以下的钎焊，称为软钎焊。软钎焊常用的钎料是锡铅钎料。软钎焊的接头强度低，主要用于钎焊受力不大、工作温度较低的焊件。

钎焊时一般需要使用助焊剂。助焊剂能去除钎料和母材表面的氧化物，保护母材连接表面和钎料在钎焊过程中不被氧化，并改善钎料的浸润性（钎焊时液态钎料对母材的浸润和附着能力）。硬钎焊常用的助焊剂有硼砂、硼砂与硼酸的混合物等；软钎焊常用的助焊剂有松香、氯化锌溶液等。

按钎焊过程中加热方式的不同，钎焊可分为：烙铁钎焊、火焰钎焊、电阻钎焊、感应钎焊、炉中钎焊等。

与熔焊相比，钎焊的加热温度低，接头的金属组织和性能变化小，焊接变形也小，焊件的尺寸容易保证。钎焊可以连接同种金属或异种金属，也可以连接金属和非金属。钎焊还可以连接一些其他焊接方法难以进行连接的复杂结构，且生产率较高。但钎焊接头的强度较低，接头耐热能力较差，钎焊前的准备工作要求较高。钎焊主要用于电子工业、仪表制造工业、航天航空和机电制造工业等领域。

4.5 焊接缺陷及分析

焊接完成后，必须根据产品的技术要求进行焊接质量检验。焊接质量的好坏将直接影响产品的安全运行，必须加以防范。其中焊接裂纹、未焊透等焊接缺陷对产品质量都构成致命危险，在重要的焊接结构中绝对不允许出现。常见的焊接缺陷产生的原因及防止措施如下所述。

1. 焊缝表面尺寸不符合要求

这类缺陷包括焊缝表面高低不平、宽窄不齐、尺寸过大或过小、角焊缝单边以及焊脚尺寸不符合要求等。焊件坡口角度不对，装配间隙不均匀，焊接速度不当或运条手法不正确，焊条和角度选择不当或改变，埋弧焊焊接工艺选择不正确等都会造成上述缺陷。要选择适当的坡口角度和装配间隙；正确选择焊接参数，特别是焊接电流；采用恰当运条手法和角度，以保证焊缝成形均匀一致。

2. 气孔

焊接时，熔池中的气泡在凝固时未能逸出，残存下来形成的空穴，称为气孔。气孔产生的原因主要有：铁锈和水分、焊接方法选择不当、焊条种类选择不当、电流种类和极性选择不当、焊接参数选择不当等。要仔细清除焊件表面上的铁锈等污物。焊条、焊剂在焊前按规定严格烘干，并存放于保温桶中。采用合适的焊接参数，使用碱性焊条焊接时，一定要用短弧焊等办法以避免气孔。

3. 咬边

由于焊接参数选择不当或操作工艺不正确，沿焊趾的母材部位产生的沟槽或凹陷叫作咬边。咬边产生的原因主要是焊接参数选择不当，焊接电流太大，电弧过长，运条速度和焊条角度不适当等。要选择正确的焊接电流及焊接速度，电弧不能拉得太长，掌握正确的运条方法和运条角度。

4. 未焊透

焊接时接头根部未完全熔透的现象叫作未焊透。未焊透产生的原因主要是焊缝坡口钝边过大，坡口角度太小，焊根未清理干净，间隙太小；焊条或焊丝角度不正确，电流过小，速度过快，弧长过大；焊接时有磁偏吹现象；电流过大，焊件金属尚未充分加热时，焊条已急剧熔化；层间或母材边缘的铁锈、氧化皮及油污等未清除干净，焊接位置不佳，焊接可达性不好等。要正确选用和加工坡口尺寸，保证必需的装配间隙，正确选用焊接电流和焊接速度，认真操作，防止焊偏等。

5. 未熔合

熔焊时，焊道与母材之间或焊道与焊道之间，未完全熔化结合的部分叫作未熔合。未熔合产生的原因是层间清渣不干净，焊接电流太小，焊条偏心，焊条摆动幅度太窄等。要采取加强层间清渣，正确选择焊接电流，注意焊条摆动等措施。

6. 夹渣

焊后残留在焊缝中的熔渣叫作夹渣。夹渣产生的原因是焊接电流太小，以致液态金属和熔渣分不清；焊接速度过快，使熔渣来不及浮起；多层焊时，清渣不干净；焊缝成形系数过小以及焊条电弧焊时焊条角度不正确等。操作者要采用具有良好工艺性能的焊条，正确选用焊接电流和运条角度；焊件坡口角度不宜过小；多层焊时，要认真做好清渣工作等。

7. 焊瘤

焊接过程中，熔化金属流淌到焊缝之外未熔化的母材上，所形成的金属瘤叫作焊瘤。焊瘤产生的原因是操作不熟练和运条角度不当。要采取提高操作的技术水平，正确选择焊接参数，灵活调整焊条角度，使装配间隙不宜过大，严格控制熔池温度、不使其过高等措施。

8. 裂纹

在焊接应力及其他致脆因素共同作用下，焊接接头局部产生的缝隙，称为裂纹，主要有热裂纹、冷裂纹、再热裂纹和层状撕裂。

热裂纹是在焊接过程中，焊缝和热影响区金属冷却到固相线附近的高温区产生的焊接裂纹。热裂纹是熔池冷却结晶时受到拉应力作用以及凝固时低熔点共晶体形成的液态薄层共同作用的结果。增大任何一方面的作用，都能促使形成热裂纹。采取下列措施可预防热裂纹：控制焊缝中有害杂质的含量，即硫、磷以及碳的含量，减少熔池中低熔点共晶体的形成；采取预热，以降低冷却速度，改善应力状况；采用碱性焊条，增强脱硫、脱磷的能力；控制焊缝形状，尽量避免得到深而窄的焊缝；采用收弧板，将弧坑引至焊件外面，这样即使发生弧坑裂纹，也不响焊件本身。

冷裂纹是焊接接头冷却到较低温度时（对钢来说在 *Ms* 温度以下或 200~300℃）产生的焊接裂纹。冷裂纹主要发生在中碳钢、低合金和中合金高强度钢中，其原因是焊材本身具有较大的淬硬倾向，焊接熔池中溶解了多量的氢，以及焊接接头在焊接过程中产生了较大的拘束应力。为减少影响，主要采取以下措施：焊前按规定要求严格烘干焊条、焊剂，以减少氢的来源；采用低氢型碱性焊条和焊剂；焊接淬硬性较强的低合金高强度钢时，采用奥氏体不锈钢焊条；焊前预热；焊后立即将焊件的全部（或局部）进行加热或保温、缓冷；适当增加焊接电流，减慢焊接速度，可减慢热影响区冷却速度，防止形成淬硬组织。

再热裂纹是焊后焊件在一定温度范围再次加热（消除应力热处理或其他加热过程，如多层焊时）而产生的裂纹。当钢中含铬、钼、钒等合金元素较多时，再热裂纹的倾向增加。防止再热裂纹的措施：一是控制母材中铬、钼、钒等合金元素的含量；二是减少结构钢焊接残余应力；三是在焊接过程中采取减少焊接应力的工艺措施，如使用小直径焊条、小参数焊接、焊接时不摆动焊条等。

层状撕裂是焊接时焊接构件中沿钢板轧层形成的阶梯状的裂纹。产生层状撕裂的原因是：轧制钢板中存在着硫化物、氧化物和硅酸盐等非金属夹杂物，在垂直于厚度方向的焊接应力作用下，在夹杂物的边缘产生应力集中，当应力超过一定数值时，某些部位的夹杂物首先开裂并扩展，以后这种开裂在各层之间相继发生，连成一体，形成层状撕裂。

防止层状撕裂的措施是严格控制钢材的含硫量，在与焊缝相连接的钢材表面预先堆焊几层低强度焊缝和采用强度级别较低的焊接材料。

9. 塌陷

单面熔化焊时，由于焊接工艺选择不当，造成焊缝金属过量透过背面，而使焊缝正面塌陷、背面凸起的现象叫塌陷。塌陷产生的原因往往是装配间隙或焊接电流过大。

第5章　钳　　工

5.1　概述

钳工是主要使用手工工具完成切削加工、装配和修理等工作的工种。它以手工操作为主，基本操作有划线、錾削、锯削、锉削、刮削、研磨、钻孔、扩孔、锪孔、铰孔、攻螺纹、套螺纹及装配修理等。钳工常用设备有：钳工工作台、台虎钳、砂轮机、台钻等。

根据工作内容的不同，钳工可分为普通钳工、划线钳工、模具钳工、工具钳工、装配钳工、钻工和维修钳工等。钳工使用的工具简单，操作灵活方便，能够加工形状复杂、质量要求较高的零件，并能完成一般机械加工难以完成的工作，在机械制造和维修业中占有重要地位。

5.2　划线

5.2.1　划线的作用

划线是指钳工根据图样要求，在毛坯或零件上明确表示出加工余量，划出加工位置尺寸界线的操作过程。划线既可作为工件装夹及加工的依据，又可检查毛坯的合格性，还可以通过合理分配加工余量（也称借料）尽可能挽救废品。

5.2.2　划线的种类

划线的种类有平面划线和立体划线。前者是指在工件或毛坯的一个平面上划线，后者是指在工件或毛坯的长、宽、高三个方向上划线，如图5-1所示。

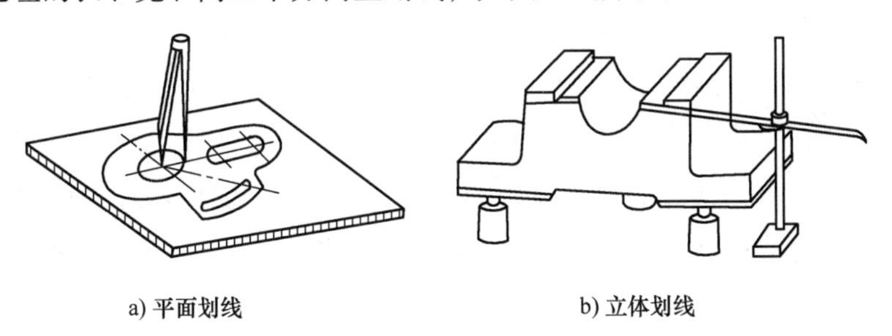

a) 平面划线　　b) 立体划线

图5-1　平面划线和立体划线

5.2.3　划线工具及其用法

（1）划线平板　划线平板是用于划线的基准工具，它由铸铁制成，并经时效处理。划线平板的上平面经过精细加工，光洁平整，是划线的基准平面。使用划线平板时要防止碰撞和锤击，如果长期不使用，应涂防锈油防护。

（2）千斤顶、V 形铁和角铁　千斤顶和 V 形铁是置于划线平板上支撑工件的专用工具。千斤顶调整很方便，用于支撑较大的或不规则的工件；V 形铁用于支撑轴类工件，便于划出中心线。角铁是另一类支承工具，它与压板配合使用，可以划出互相垂直的基准线。

（3）划线方箱　划线方箱用于装夹尺寸较小而加工面较多的工件。如图 5-2 所示，将工件固定在方箱上，翻转方箱，便可把工件上互相垂直的所有线条在一次装夹位置中全部划出来。

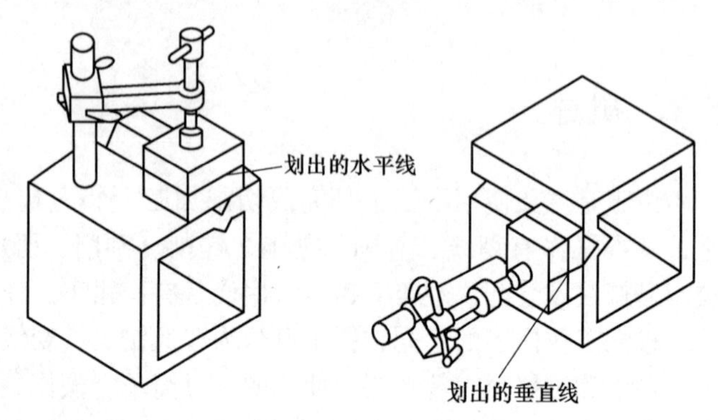

图 5-2　方箱的应用

（4）划针及划针盘　划针是由高速钢制成的细长钢丝状划线工具；划针盘是装有划针的可调划线工具。如图 5-3 所示，划针盘常与划线平板联合使用，用于校正工件的位置和进行划线。

（5）划规　划规类似于绘图用的圆规，用于量取尺寸、等分线段、划圆周和圆弧线，也可用来划平行线，如图 5-4 所示。

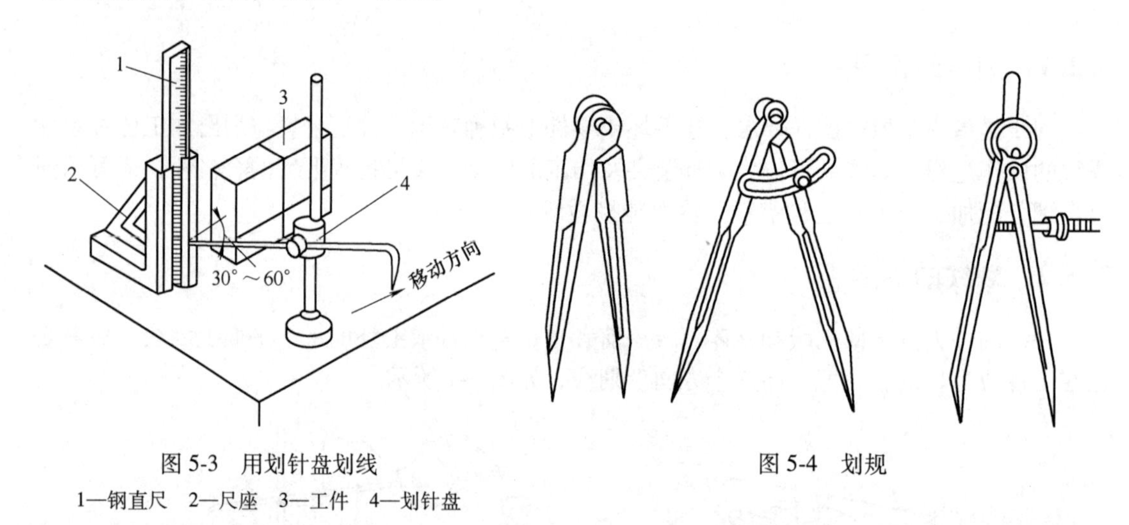

图 5-3　用划针盘划线

1—钢直尺　2—尺座　3—工件　4—划针盘

图 5-4　划规

（6）划线量具　常用的划线量具有：钢直尺、直角尺、高度游标卡尺等。高度游标卡尺是附有划线量爪的精密划线工具，也可测量高度，但不可用于毛坯工件划线，以防损坏硬质合金划线爪。

（7）样冲　样冲是用于在工件上打出样冲眼的工具。划好的线条和钻孔前的圆心位置处都需要打出样冲眼，其作用是防备所划的线一旦模糊之后，仍可借助样冲眼进行识别和定位，如图 5-5 所示。

5.2.4　划线的步骤

1）检查并清理毛坯，剔除不合格件，在划线工件的表面涂刷涂料。

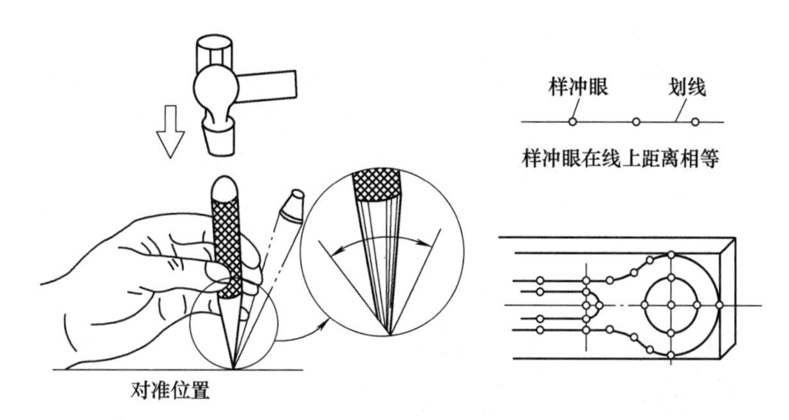

图 5-5 样冲的使用方法

2）正确安放工件，选择划线工具，确定划线基准。

3）划线。首先划出基准线，再划出其他水平线；然后翻转找正工件，划出垂直线；最后划出斜线、圆、圆弧及曲线等。

4）根据图样检查所划的线是否正确，然后在正确位置处打出样冲眼。

5.3 锯削

5.3.1 锯削特点

锯削是钳工使用手锯切断工件材料、切割成形和在工件上切槽的工作。锯削具有方便、简单、灵活的特点，但加工精度较低，常需进一步后续加工。

5.3.2 锯削工具

锯削时使用的常用工具是手锯，它由锯弓和锯条两部分组成。

（1）锯弓 锯弓用于夹持和拉紧锯条，有固定式和可调式两种。可调式锯弓可以安装不同规格的锯条。

（2）锯条 锯条由碳素工具钢淬硬制成，其规格以两端安装孔的中心距表示。常用锯条的长度为300mm、宽为12mm、厚为0.8mm。锯条上有许多细密的单向锯齿，按齿距的大小，锯条种类可分为粗齿、中齿、细齿三种。锯齿左右错开形成锯路，锯路的作用是使锯缝宽度大于锯条厚度，以减少摩擦阻力防止卡锯，并可以使排屑顺利，提高锯条的工作效率和使用寿命。

5.3.3 锯削操作步骤

（1）选择锯条 通常根据材料的软硬和材料的厚度来选择锯条的齿距：锯削软材料或厚工件时，应选用粗齿锯条，锯屑不易堵塞；锯削硬材料或薄工件时，应选用细齿锯条，避免锯齿被薄工件钩住而崩落。

（2）安装锯条 安装锯条时，锯齿尖端向前，锯条松紧适中，不能歪斜或扭曲，否则锯削时锯条易折断。

（3）装夹工件　工件装夹应牢固，伸出钳口要短，防止锯削时产生振动。

（4）锯削操作　起锯操作如图 5-6 所示。起锯时的角度 $\alpha\approx10°\sim15°$，锯弓往复行程要短，压力要小，待锯痕深约 2mm 后，方可将锯弓逐渐调至水平位置进行正常锯削。正常锯削时，左手轻压锯弓前端，右手握锯柄直线推进，返回时锯条不加压从工件上轻轻拉回，同时应尽量使用锯条全长以防局部磨损。工件即将锯断时，锯条的往复行程逐渐缩短，用力要轻，速度要慢。

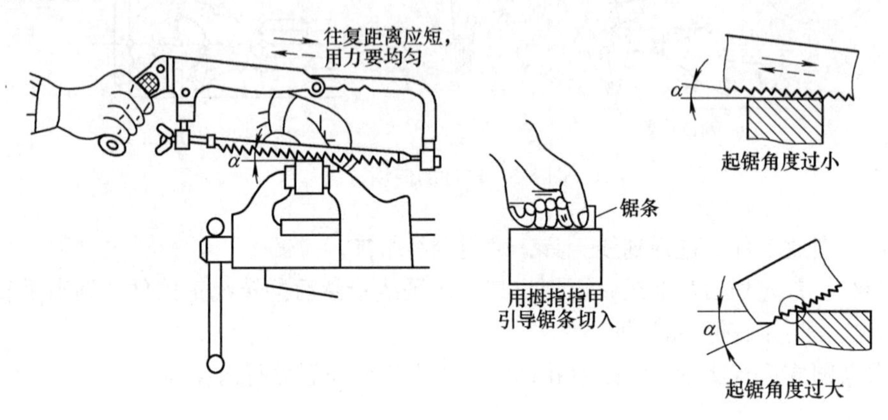

图 5-6　起锯操作方法

5.3.4　锯削方法示例分析

锯削前应在工件上划出锯削线，划线时应考虑留有锯削后的加工余量。锯削不同的工件，需要采用不同的锯削方法。

（1）锯圆管　锯圆管时，为了防止产生崩齿或折断锯条，应在即将被锯穿时将圆管转动一定角度，接着沿原锯缝锯下，如此不断转动，直至锯断。

（2）锯扁钢、型钢　锯扁钢、型钢或较厚的工件时，应从大面开始锯削，再逐渐过渡到其他部位，力求锯缝整齐光洁。

（3）锯薄板　锯薄板工件时，可用两块方木将薄板夹住，以增加锯削厚度，防止卡齿、崩齿或卡断锯条；必要时，也可采用斜向锯削的方法操作。

5.4　锉削

5.4.1　锉削特点

锉削用于工件的修整加工，它是最基本的钳工操作之一。锉削加工范围广，操作技术要求高，需要长期严格训练才能掌握好。

5.4.2　锉刀的种类

锉刀用碳素工具钢制成，经热处理淬硬后，硬度可达 60～62HRC。锉刀刀齿的齿纹有单齿纹和双齿纹两种，如图 5-7 所示：双齿纹锉刀的刀齿交叉排列，锉削时省力且工件光洁，所以大多数锉刀的齿纹制成双齿纹；单齿纹锉刀的刀齿为直线或弧线，一般用于锉削铝、铜等软金属材料。锉刀按用途可分为普通锉、整形锉（什锦锉）和特种锉三种。其中，普通锉按其断面形状可分为平锉、方锉、圆锉、半圆锉和三角锉等五种。锉刀齿的粗细，按每10mm长度内锉面上的齿数，可分为粗齿、中齿、细齿和油光锉四种，分别用于粗加工、半精加工、精加工和光整加工。

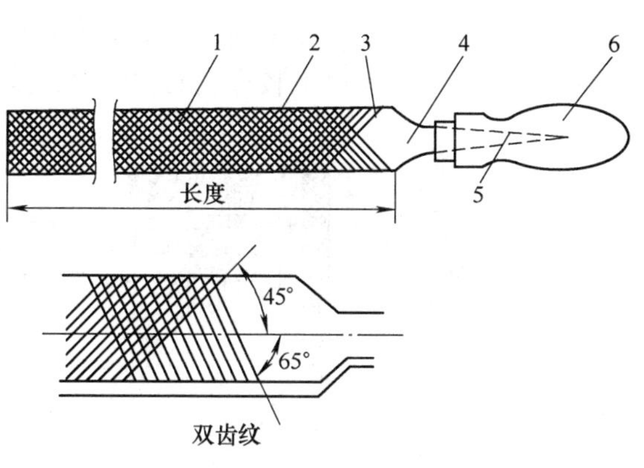

图5-7 锉刀的齿纹
1—锉面 2—锉边 3—底齿
4—锉刀尾 5—锉刀舌 6—锉刀柄

5.4.3 锉削基本操作

（1）锉刀的握法 锉刀的握法如图5-8所示。右手紧握锉刀柄，柄端抵住手心，拇指自然伸直，其余四指弯向手心；左手压在锉刀上使之保持平衡，右手推动锉刀前进并控制推动方向。

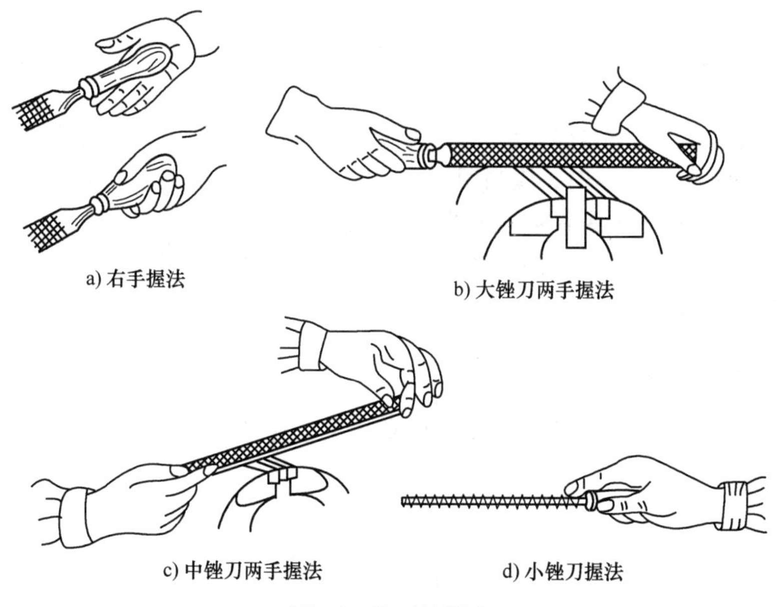

图5-8 锉刀的握法

（2）锉削力的运用 锉削力有水平推力和垂直压力两种。推力的大小由右手控制，压力则由两手配合同时控制。锉削开始时，左手压力大、右手压力小；在到达锉刀中间位置时，两手压力相等；继续推进，左手压力减小、右手压力加大；锉刀返回时两手不再施力，让锉刀在工件表面轻轻滑回，以免迅速磨钝锉齿和损伤工件。

5.4.4 平面的锉削方法

平面的锉削方法有三种，如图5-9所示：顺向锉法按照锉刀轴线的方向进行锉削，可得到平直、光洁的表面，主要用于工件的精锉；交叉锉法以交替的顺序沿两个方向对工件表面进行锉削，因此去屑快、效率高，常用于较大面积工件的粗锉；推锉法按照垂直于锉刀轴线的方向锉削，常用于工件上较窄表面的精锉，以及不能采用顺向锉法加工的场合。

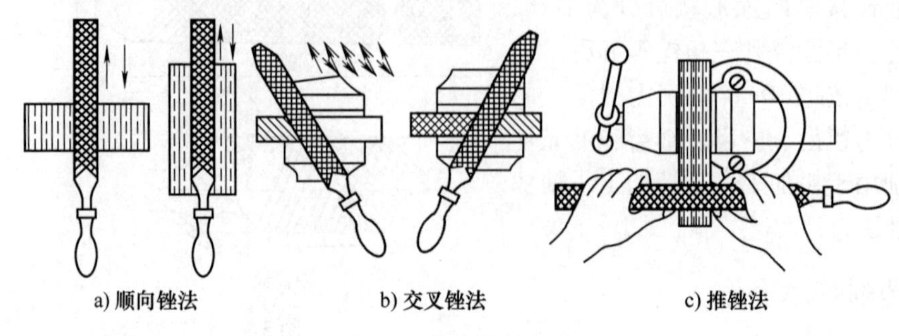

图 5-9　平面锉削方法

5.4.5　锉削注意事项

1）铸铁、锻件的硬皮和砂粒的硬度很高，应采用砂轮磨去或錾去硬皮之后，方可进行锉削。

2）工件应装夹牢固，并略高于台虎钳钳口。装夹已加工表面时应垫铜皮，以防损伤工件表面。

3）不可用手触摸刚锉削过的表面，因为手上有油脂，再锉时容易打滑。

4）锉刀齿面被锉屑堵塞时，应当用钢丝刷顺锉纹方向刷去锉屑，切不可用手清理或用口去吹，以防锉屑划伤手指或屑粒飞入眼中伤人。

5）锉削速度不能太快，否则齿面会迅速磨损打滑。锉刀较硬较脆，不可摔落地面或充当撬杠使用，以免折断损坏。

5.4.6　锉削平面检查方法

工件锉平之后，可按图 5-10 所示，采用直角尺、直尺、刀口形直尺等各种量具来检查工件的平直度情况。

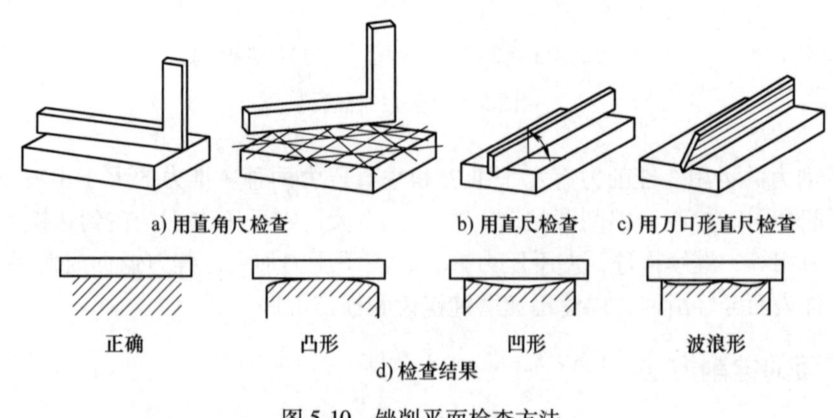

图 5-10　锉削平面检查方法

5.5　钻、扩、铰孔加工

5.5.1　钻孔

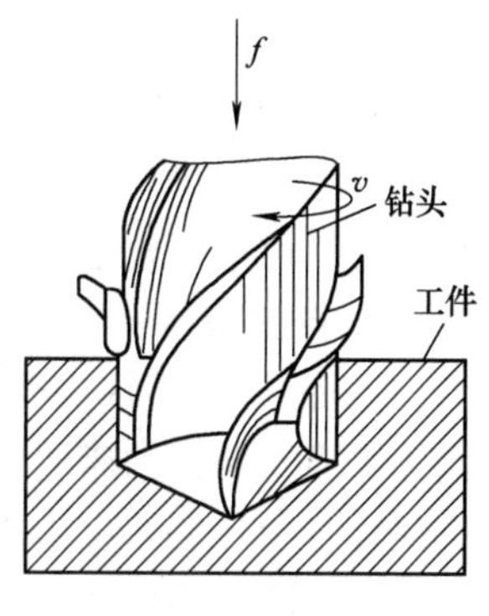

图 5-11　钻孔

钻孔是用钻头在工件上加工出通孔或盲孔的操作，多用于装配和修理，也用于攻螺纹前的准备工作。钻孔时，钻头一面旋转做主运动，一面沿轴线移动做进给运动，如图 5-11 所示。钻孔的加工精度较低，表面比较粗糙，所以对于精度要求较高的孔，钻孔之后还应进行扩孔和铰孔加工。

1. 钻床

钻孔时需要使用钻床，常用的钻床有台式钻床、立式钻床和摇臂钻床等。

（1）台式钻床　台式钻床如图 5-12 所示，通常放在钳工工作台上使用，故简称小台钻。小台钻由工作台、立柱、主轴、进给手柄等部分组成，它的重量轻、转速高、操作方便，变换 V 带在宝塔带轮上的位置即可变换主轴转速，主要用于直径 13mm 以下的小孔加工。

（2）立式钻床　立式钻床如图 5-13 所示，由底座、工作台、立柱、主轴箱、进给箱和主轴等组成。立式钻床的规格以其能加工的最大孔径表示，常用的规格有 25mm、35mm、40mm 和 50mm 等几种。立式转床的刚性好、功率大、加工精度较高，主轴既可自动进给又可手动进给，适用于对中、小型工件进行钻孔、扩孔、铰孔、锪孔和攻螺纹等多种加工。

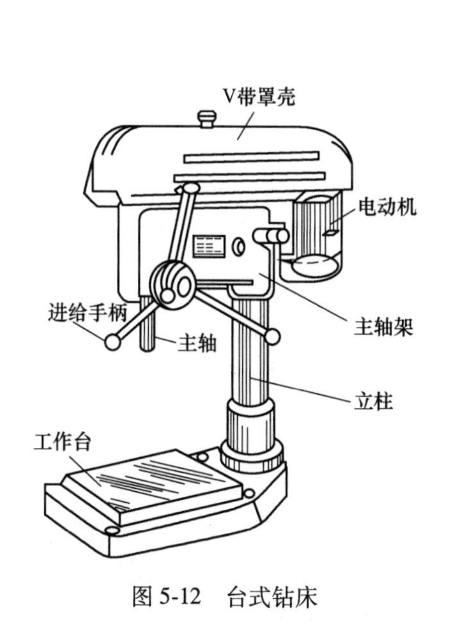

图 5-12　台式钻床

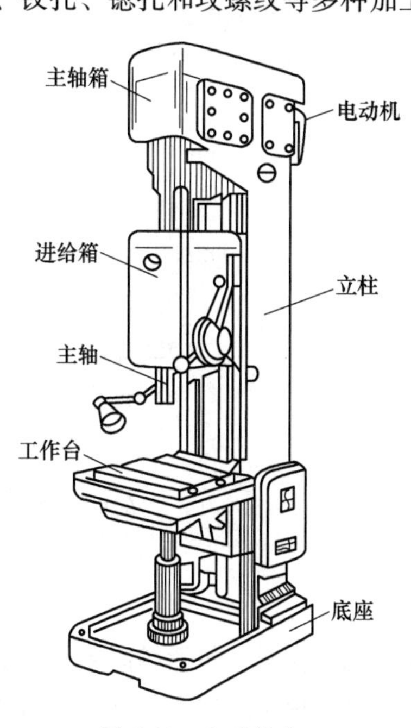

图 5-13　立式钻床

（3）摇臂钻床　摇臂钻床如图 5-14 所示，它有一个可沿立柱上下移动同时又可绕立柱 360°旋转的摇臂，摇臂上的主轴箱还能在摇臂上做横向移动，可以方便地将钻头调整到所需的工作坐标位置。摇臂钻床适用于大型工件、复杂工件上的孔组加工。

(4) 其他钻削设备　其他钻削设备还有手枪钻、磁吸钻等。手枪钻和磁吸钻的体积小、重量轻、携带方便、使用灵活，常用于不方便使用钻床的场合钻孔。其中，手枪钻用于钻直径在 10mm 以下的孔，磁吸钻用于钻直径大于 10mm 的孔。

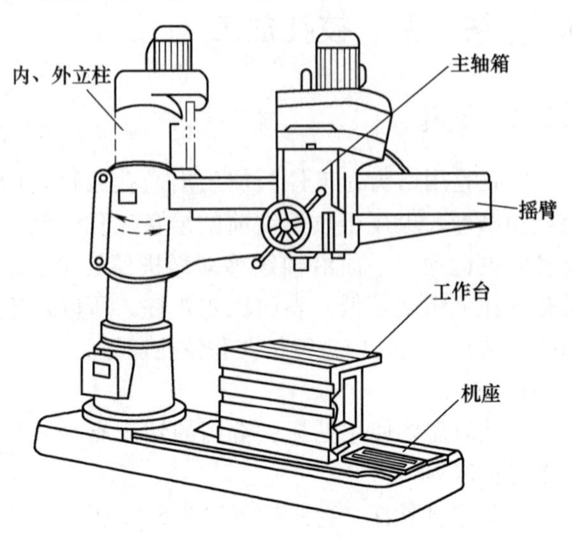

图 5-14　摇臂钻床

2. 钻床夹具

(1) 钻夹头　钻夹头依靠锥尾上的莫氏外锥面安装在钻床的主轴锥孔内，它的头部有三个自定心夹爪用于夹持直柄钻头，通过紧固扳手可使三个夹爪同步合拢或张开。

(2) 过渡套　过渡套有莫氏 1#~5# 五种规格，用于装夹锥柄钻头。使用时应根据钻头锥柄规格及钻床主轴内锥孔的锥度来进行合理选择，必要时可用两个以上的钻套作过渡连接。

(3) 装夹工具　钻床常用的装夹工具有手用虎钳、平口虎钳、V 形块和压板等。薄壁小件用手虎钳夹持；中、小型平整工件用平口虎钳夹持；圆形零件用 V 形块和弓形架夹持；大工件可用压板和螺栓直接装夹在钻床工作台上；在大批量生产中广泛地采用钻模钻孔，以提高孔的加工精度和生产效率。

3. 麻花钻头

麻花钻头的结构如图 5-15 所示，由柄部和工作部分组成。麻花钻头的柄部是用于夹持并传递转矩的部分，当钻孔直径小于 12mm 时为直柄，钻孔直径大于 12mm 时为锥柄。

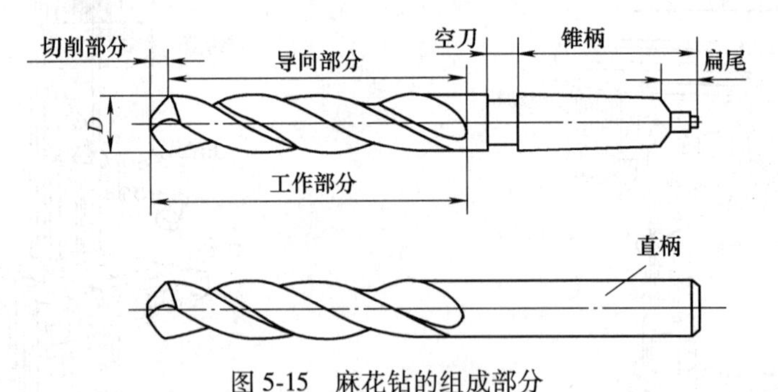

图 5-15　麻花钻的组成部分

钻头的工作部分包括导向部分和切削部分。导向部分的作用是引导并保持钻削方向，它有两条对称的螺旋槽，作为输送切削液和排屑的通道。在钻头外圆柱面上，沿两条螺旋槽的外缘有狭窄的、略带倒锥度的棱带，切削时棱带与工件孔壁相接触，以保持钻孔方向不偏斜，同时又能减小钻头与工件孔壁的摩擦。切削部分的两条主切削刃担负着主要切削工作，两切削刃的夹角为 118°。为了保证钻孔的加工精度，两条切削刃的长度及两切削刃与轴线的交角均应对称相等，否则将使被钻孔的孔径扩大。图 5-16 所示为两切削刃刃磨不正确时钻孔的情况。

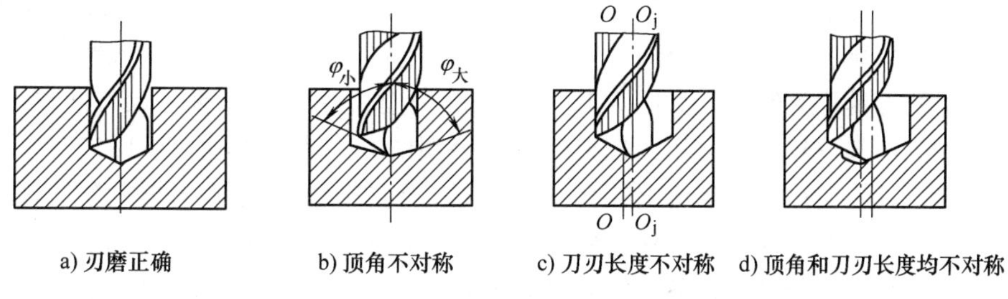

a) 刃磨正确　b) 顶角不对称　c) 刀刃长度不对称　d) 顶角和刀刃长度均不对称

图 5-16 钻头刃磨不正确对加工的影响

4. 钻孔操作方法

钻孔前，在孔的正确位置划线，并在圆心和圆周线上打样冲眼；根据工件的孔径尺寸和精度要求，选择合适的钻头，检查钻头的两切削刃是否锋利和对称，必要时进行修磨；装钻头时，先开机检查是否偏摆，必要时停机纠正，然后再进行夹紧。

选择合适的装夹方法装夹工件，然后调整钻床选定主轴的转速。钻大孔时转速应低一些，以免钻头快速磨钝；钻小孔时转速应高一些，进给量应小一些，以免钻头折断。钻硬材料时的转速应低一些，反之转速应高一些。

钻孔时的进给速度要均匀，快要钻通时进给量要适当减小，防止损坏钻头。钻韧性材料时必须使用切削液，钻深孔时钻头必须分级进给多次并经常退出，以利于排屑和冷却。当钻削孔径大于 30mm 的大孔时，应当分为两次钻削：先钻 0.4~0.6 倍孔径的小孔，第二次再钻至所需尺寸。精度要求较高的孔要留出加工余量，以便后续精加工。

5.5.2 扩孔

扩孔是通过扩大现有预制孔的孔径，以提高被加工孔的尺寸精度和位置精度的一种切削加工方法，所用的刀具称为扩孔钻。扩孔钻的结构如图 5-17 所示，它与麻花钻相似，但切削部分的顶端是平的，没有钻尖部分；切削刃的数量较多，有 3 条或 4 条螺旋槽，且螺旋槽的深度较浅，钻体粗大结实，切削时不易变形。经扩孔加工后，工件孔的精度可提高到 IT10，表面粗糙度值达 $Ra6.3\mu m$，故扩孔可作为孔加工的最后工序，也可作为铰孔前的准备工序。

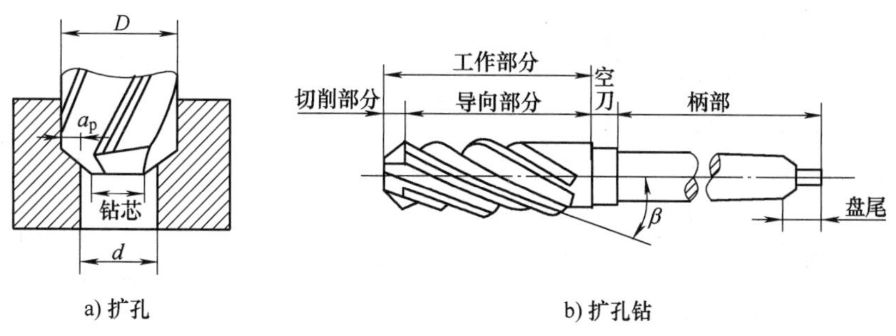

a) 扩孔　b) 扩孔钻

图 5-17 扩孔及扩孔钻

5.5.3 铰孔

铰孔是孔的精加工方法，铰孔后工件的精度可达 IT8~IT7，表面粗糙度值达 $Ra1.6\mu m$。精铰孔的加工余量只有 0.06~0.25mm，因此铰孔前工件应经过钻孔、扩孔或镗孔等加工。

铰孔所用的刀具称为铰刀，如图 5-18 所示。铰刀有手用铰刀和机用铰刀两种。手用铰刀多为直柄，工作部分较长，可用铰杠夹持直柄尾端的方头进行铰孔；机用铰刀多为锥柄，工作部分较短，可装在钻床、车床上铰孔。铰刀的工作部分由切削部分和修光部分组成：切削部分呈锥形，担负着主要切削工作；修光部分起着导向和修光作用。铰刀通常有 6~12 条切削刃，沿圆周呈不等分排列，各条切削刃的负荷较轻。铰孔时选用的切削速度较低，进给量较小，一般都需要使用切削液。

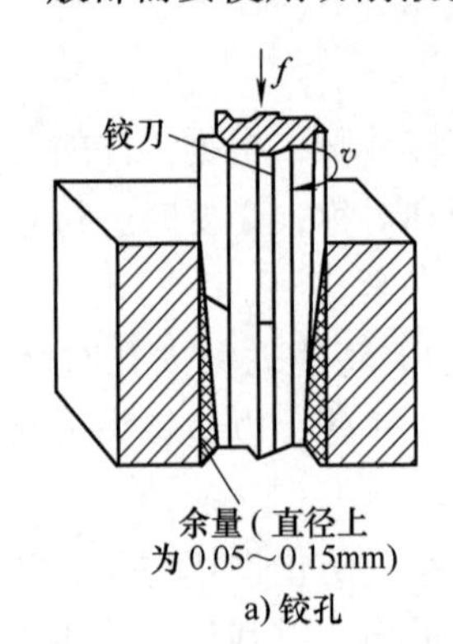

a) 铰孔

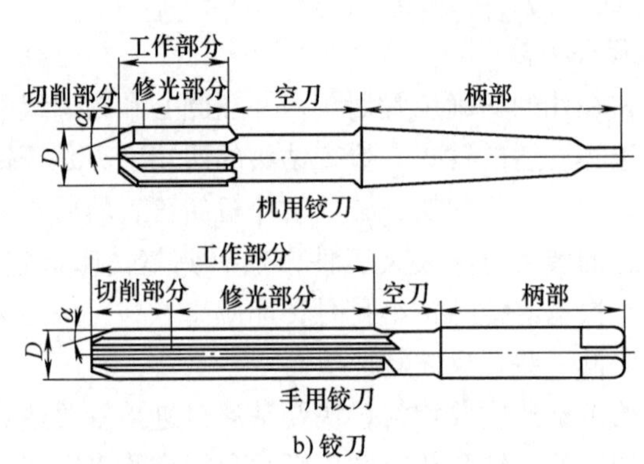

b) 铰刀

图 5-18 铰孔和铰刀

5.6 攻螺纹和套螺纹加工

5.6.1 攻螺纹

攻螺纹是利用丝锥，在预制孔内加工出内螺纹的操作。攻螺纹前要钻底孔，并在孔口处倒角。钻底孔的直径可查表，或按下列经验公式进行计算。

加工钢料和塑性金属时：

钻底孔直径 D=螺纹大径 d−螺距 P（mm）

加工铸铁和脆性金属时：

钻底孔直径 D=螺纹大径 d−1.1 倍螺距 P（mm）

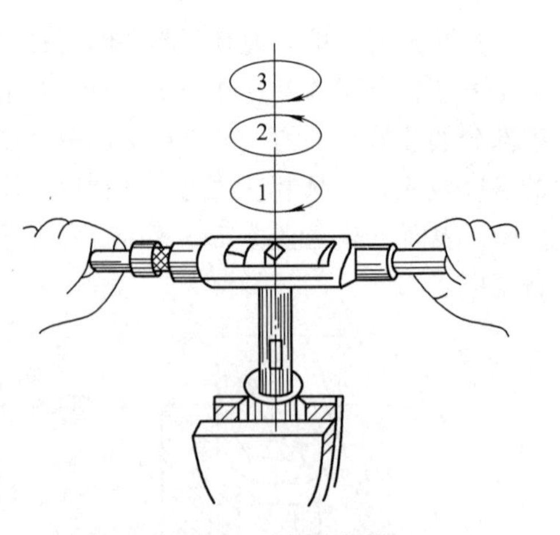

图 5-19 攻螺纹操作

1—顺转一圈 2—反转 1/4 圈 3—继续顺转

攻螺纹操作如图 5-19 所示：攻螺纹时，用铰杠夹持丝锥中的头锥，将头锥的头部垂直放入孔内，适当加些压力，轻压铰杠旋入 1~2 圈；目测或借助直角尺校正丝锥的垂直度后，继续轻压旋入；待切削部分全部进入工件底孔后，不再加压均匀转动丝锥，每转过一圈后反转 1/4 圈进行断屑，直至全深；头锥攻完退出后，用手将二锥、三锥先后旋入，再用铰杠不加压切入，直至加工完毕。

为了延长丝锥的寿命，提高攻螺纹加工质量，攻螺纹时应加切削液。攻钢件等塑性材料时，使用机油润滑；攻铸铁等脆性材料时，使用煤油润滑。

5.6.2　套螺纹

套螺纹是用圆板牙在圆柱体工件上加工外螺纹的方法。圆板牙固定在板牙架上。圆板牙的形状像圆螺母，有固定式和开缝式两种形式，均由切削部分、校正部分和排屑孔组成。套螺纹前，先确定圆棒的直径，在圆棒的端头倒15°~20°的斜角，倒角要超过螺牙全深。套螺纹时，板牙端面应与工件轴线垂直，要稍加压力转动板牙架，当板牙已切入圆杆后就不必再施压力，只要均匀旋转即可。为了断屑也常需要倒转，钢件套螺纹也要加切削液，以提高工件质量和板牙寿命。

第 6 章　车削加工

6.1　车工概述

车床在金属切削机床中占总数的 40%左右。车床具有广泛的使用性（车削加工范围见图 6-1），它可以车外圆、车端面、切槽、切断、钻中心孔、钻孔、车孔、铰孔、车各种螺纹、车圆锥体、车成形面、滚花、盘绕弹簧。简单地说，凡带有旋转表面的各种不同形状的工件都可以在车床上进行车削，如在车床上装有其他附件和夹具，还可以进行镗削、磨削、研磨、抛光等工作，以扩大车床的使用性能。因车削具有刀具简单、加工范围广、切削过程平衡、加工材料较广等优点，所以车削加工是机械加工中最常用的一种工种，车工在机械制造工业中占有重要地位。

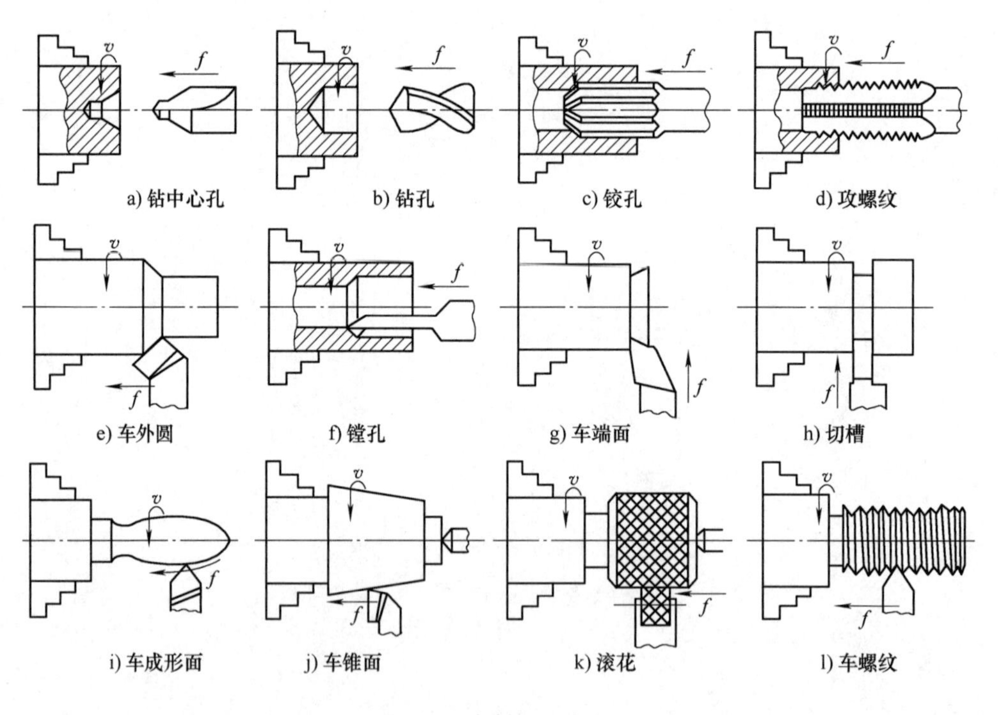

图 6-1　车削加工范围

车床的种类很多，常用的有卧式车床、立式车床、转塔车床、仪表车床、自动车床和数控车床等。车床加工的尺寸公差等级一般为 IT9～IT7，表面粗糙度为 $Ra3.2 \sim 1.6\mu m$。

6.2　卧式车床

6.2.1　机床的型号

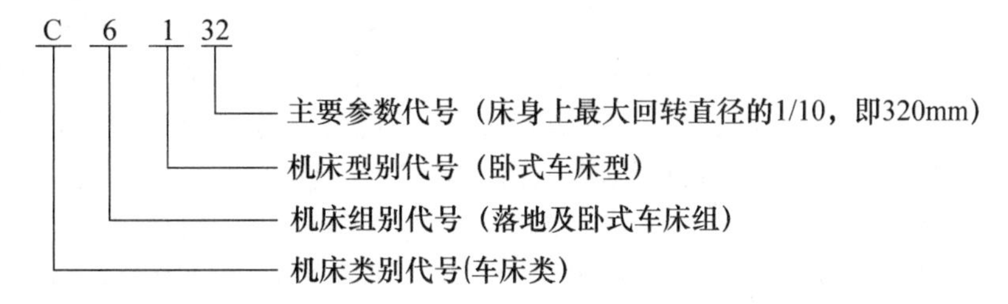

6.2.2　卧式车床的结构

1. 卧式车床各部分名称与用途

C6132 车床的调整主要是通过变换各自相应的手柄位置进行的，详见图 6-2。

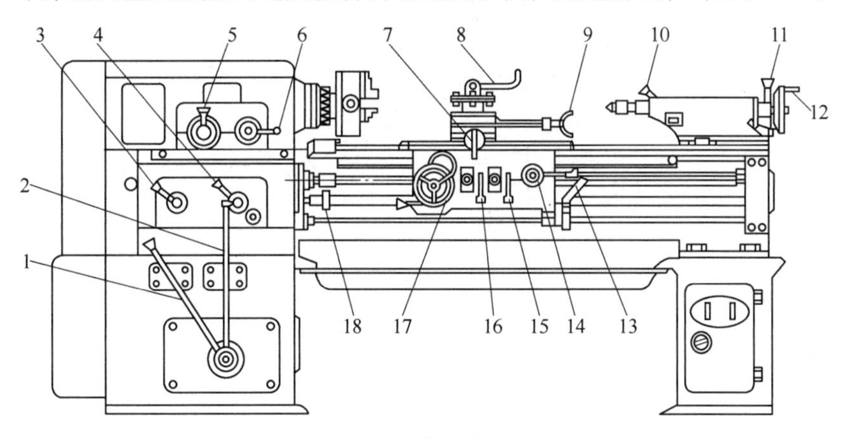

图 6-2　C6132 车床的调整手柄

1、2、6—主运动变速手柄　3、4—进给运动变速手柄　5—刀架左右移动的换向手柄　7—刀架横向手动手柄　8—方刀架锁紧手柄　9—小刀架移动手柄　10—尾座套筒锁紧手柄　11—尾座锁紧手柄　12—尾座套筒移动手轮　13—主轴正反转及停止手柄　14—“开合螺母”开合手柄　15—刀架横向自动手柄　16—刀架纵向自动手柄　17—刀架纵向手动手轮　18—光杠、丝杠更换使用的离合器

（1）主轴箱　内装主轴和变速机构。变速是通过改变设在主轴箱外面的手柄位置，可使主轴获得 12 种不同的转速（45～1980r/min）。主轴是空心结构，能通过长棒料，棒料能通过主轴孔的最大直径是 29mm。主轴的右端有外螺纹，用以连接卡盘、拨盘等附件。主轴右端的内表面是莫氏 5 号的锥孔，可插入锥套和顶尖，当采用顶尖并与尾座中的顶尖同时使用安装轴类工件时，其两顶尖之间的最大距离为 750mm。主轴箱的另一重要作用是将运动传给进给箱，并可改变进给方向。

（2）进给箱　它是进给运动的变速机构。它固定在主轴箱下部的床身前侧面。变换进给箱外面的手柄位置，可将主轴箱内主轴传递下来的运动，转为进给箱输出的光杠或丝杠获得不同的转速，以改变进给量的大小或车削不同螺距的螺纹。其纵向进给量为 0.06～0.83mm/r，横向进给量为 0.04～0.78mm/r，可车削 17 种米制螺纹（螺距为 0.5～9mm）和

32 种英制螺纹（每英寸 2~38 牙）。

（3）变速箱　安装在车床前床脚的内腔中，并由电动机通过联轴器直接驱动变速箱中齿轮传动轴。变速箱外设有两个长的手柄，是分别移动传动轴上的双联滑移齿轮和三联滑移齿轮，可共获 6 种转速，通过传动带传动至主轴箱。

（4）溜板箱　溜板箱是进给运动的操纵机构。它使光杠或丝杠的旋转运动，通过齿轮和齿条或丝杠和开合螺母，推动车刀做进给运动。溜板箱上有三层滑板，当接通光杠时，可使床鞍带动中滑板、小滑板及刀架沿床身导轨做纵向移动；中滑板可带动小滑板及刀架沿床鞍上的导轨做横向移动。故刀架可做纵向或横向直线进给运动。当接通丝杠并闭合开合螺母时可车削螺纹。溜板箱内设有互锁机构，使光杠、丝杠两者不能同时使用。

（5）刀架　它用来装夹车刀，并可做纵向、横向及斜向运动。刀架是多层结构，它由下列部件组成（见图 6-3）。

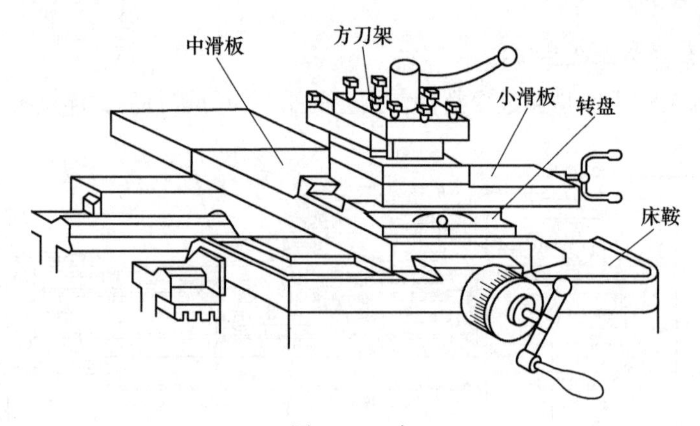

图 6-3　刀架

1）床鞍。它与溜板箱牢固相连，可沿床身导轨做纵向移动。

2）中滑板。它装置在床鞍顶面的横向导轨上，可做横向移动。

3）转盘。它固定在中滑板上，松开紧固螺母后，可转动转盘，使它和床身导轨成一个所需要的角度，而后再拧紧螺母，以加工圆锥面等。

4）小滑板。它装在转盘上面的燕尾槽内，可做短距离的进给移动。

5）方刀架。它固定在小滑板上，可同时装夹四把车刀。松开锁紧手柄，即可转动方刀架，把所需要的车刀更换到工作位置上。

（6）尾座　它用于安装后顶尖，以支持较长工件进行加工，或安装钻头、铰刀等刀具进行孔加工。偏移尾座可以车出长工件的锥体。尾座的结构由下列部分组成（见图 6-4）。

1）套筒。其左端有锥孔，用以安

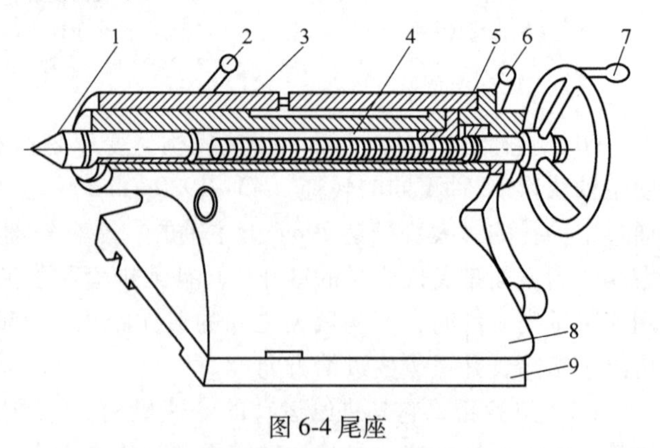

图 6-4 尾座

1—顶尖　2—套筒锁紧手柄　3—顶尖套筒　4—丝杠　5—螺母
6—尾座锁紧手柄　7—手轮　8—尾座　9—底座

装顶尖或锥柄刀具。套筒在尾座体内的轴向位置可用手轮调节，并可用锁紧手柄固定。将套筒退至极右位置时，即可卸出顶尖或刀具。

2）尾座体。它与底座相连，当松开固定螺钉时，拧动螺杆可使尾座体在底板上做微量横向移动，以便使前后顶尖对准中心或偏移一定距离车削长锥面。

3）底座。它直接安装于床身导轨上，用以支撑尾座体。

（7）光杠与丝杠　用于将进给箱的运动传至溜板箱。光杠用于一般车削，丝杠用于车螺纹。

（8）床身　它是车床的基础件，用来连接各主要部件并保证各部件在运动时有正确的相对位置。在床身上有供溜板箱和尾座移动用的导轨。

（9）操纵杆　操纵杆是车床的控制机构，在操纵杆左端和溜板箱右侧各装有一个手柄，操作工人可以很方便地操纵手柄以控制车床主轴正转、反转或停机。

2. 机床附件

（1）自定心卡盘　如图 6-5 所示，自定心卡盘的工作方法是转动插入小锥齿轮孔中的扳手，带动大锥齿轮转动，其背面的方牙平面螺纹即可带动三个卡爪沿卡盘体上的径向槽同时移至（或远离）中心，从而夹紧（或松动）工件。

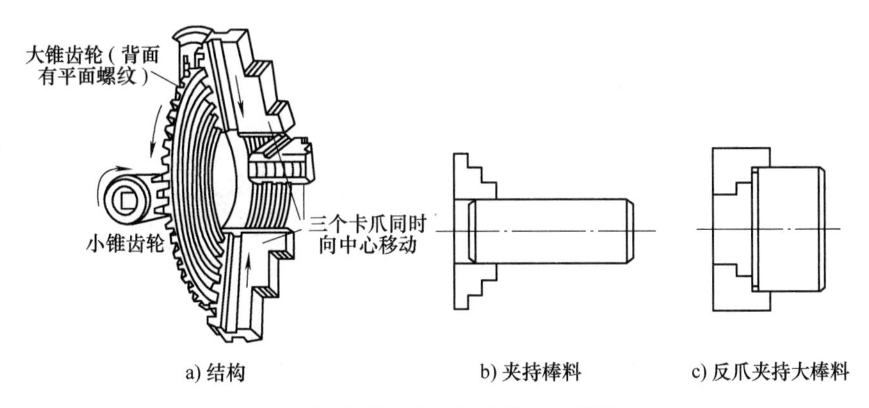

图 6-5　自定心卡盘结构和工件安装

一般对于较短的回转体类工件，多用自定心卡盘进行装夹，但对于较长的回转体类工件，若用此方法则刚性较差。所以，一般对于较长的工件，尤其是较重要的工件，不能直接用自定心卡盘装夹，而要用一端夹住，另一端用后顶尖顶住的装夹方法。这种装夹方法能承受较大的轴向切削力，且刚性大大提高，同时可提高切削用量。

（2）单动卡盘　如图 6-6 所示，四个单动卡爪用扳手分别独立调整，适于安装截面是正方形、长方形或其他不规则状的工件。由于夹紧力比自定心卡盘大，也常用来安装较重的圆形截面工件。为保证加工表面位置精度，安装工件时要仔细找正。用划线盘找正时，定位精度为 0.2~0.5mm；用百分表找正时，定位精度可达 0.01~0.02mm。

（3）花盘　在车床上加工形状较复杂的工件时，可用螺钉、压板将工件安装在花盘上（见图 6-7）。有些形状比较复杂的工件，要求孔的轴线与安装基本平行时，可用花盘和弯板安装（见图 6-8）。弯板和工件分别安装在花盘和弯板上，并都要仔细找正。

（4）顶尖和心轴　车削轴类零件时，常用顶尖安装（见图 6-9）。顶尖分为死顶尖和活

图 6-6　单动卡盘

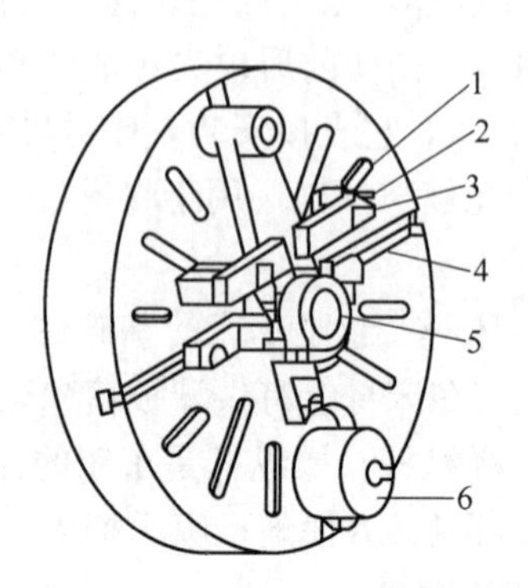

图 6-7　在花盘上安装工件
1—垫铁　2—压板　3—螺钉
4—螺钉槽　5—工件　6—平衡块

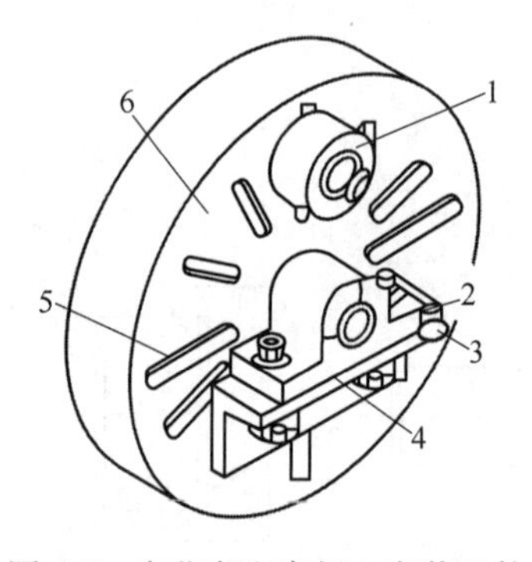

图 6-8　在花盘和弯板上安装工件
1—平衡块　2—工件　3—定位基面
4—弯板　5—螺钉槽　6—花盘

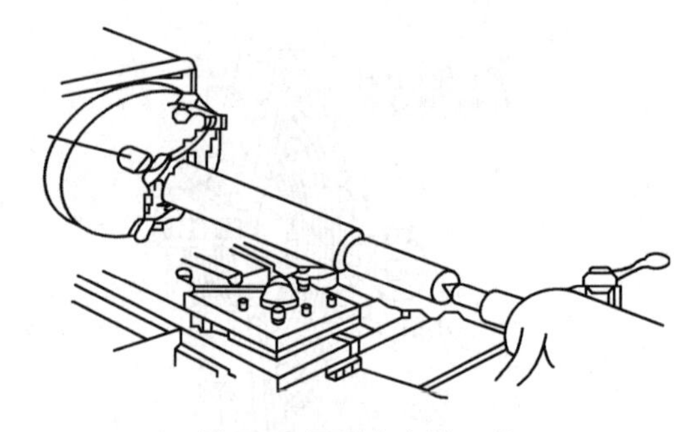

图 6-9　用顶尖安装工件

顶尖两种（见图 6-10）。前顶尖随主轴与工件一起转动，用死顶尖；后顶尖一般也用死顶尖，但高速车削时为防止工件和后顶尖摩擦过大常用活顶尖。

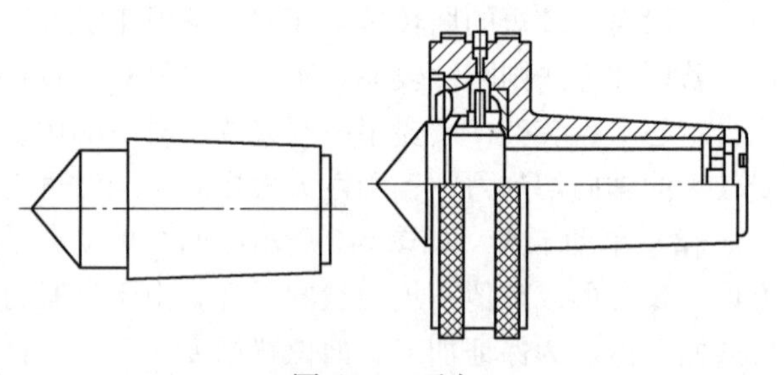

图 6-10　顶尖

（5）中心架和跟刀架　车削细长轴时，为防止工件弯曲变形，常用中心架或跟刀架作为辅助支撑。中心架安装在床身上（见图 6-11），三个单独调整的支撑爪支撑在工件预先加工过的一段外圆面上，松紧程度要适当。它一般用于加工细长阶梯轴、长轴端面。

跟刀架安装在床鞍上，随床鞍一起移动（见图 6-12），常用于加工细长光轴或丝杠。使用跟刀架需先在工件右端车削一小段外圆。根据这段外圆调整支撑爪的位置和松紧度，然后

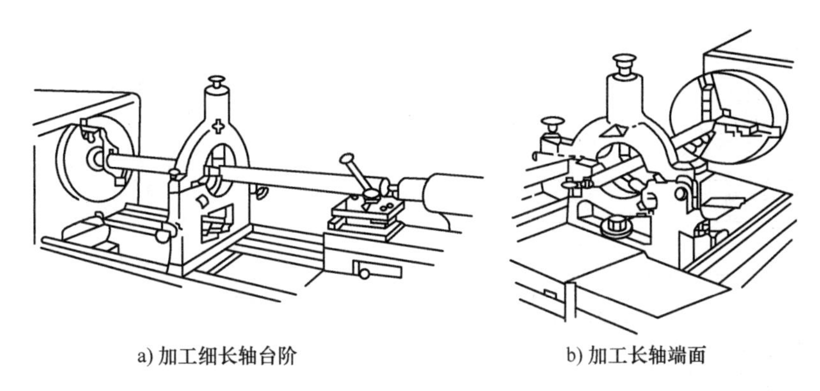

图 6-11　中心架的使用

车削工件全长。

使用中心架或跟刀架时，工件转速不宜过高，并需在支撑处加机油润滑，以便减小工件与支撑爪间的摩擦。

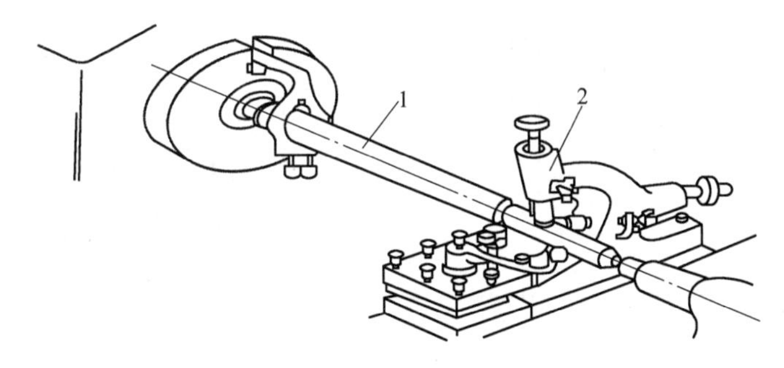

图 6-12　跟刀架的应用
1—工件　2—跟刀架

6.2.3　卧式车床的传动系统

电动机输出的动力，经变速箱通过传动带传动传给主轴，更换变速箱和主轴箱外的手柄位置，得到不同的齿轮组啮合，从而得到不同的主轴转速。主轴通过卡盘带动工件做旋转运动。同时，主轴的旋转运动通过换向机构、交换齿轮、进给箱、光杠（或丝杠）传给溜板箱，使溜板箱带动刀架沿床身做直线进给运动，如图 6-13 所示。

6.3　车刀的结构及安装

常用的车刀按照形状和功能来说有直头车刀、弯头车刀、偏刀、内孔车刀、切断刀、切槽刀、螺纹刀（图 6-14 为常用焊接车刀种类示意图）。钻头、铰刀、丝锥也是车床上常用的刀具。常用的刀具材质一般有高速工具刚、硬质合金、陶瓷、金刚石等。车刀是由刀头部分和刀杆部分组成的。刀头用来切削，故又称为切削部分；刀杆用来将车刀夹固在刀架上，也称夹持部分；车刀的切削部分一般由三面、两刃、一尖组成，如图 6-14 所示。

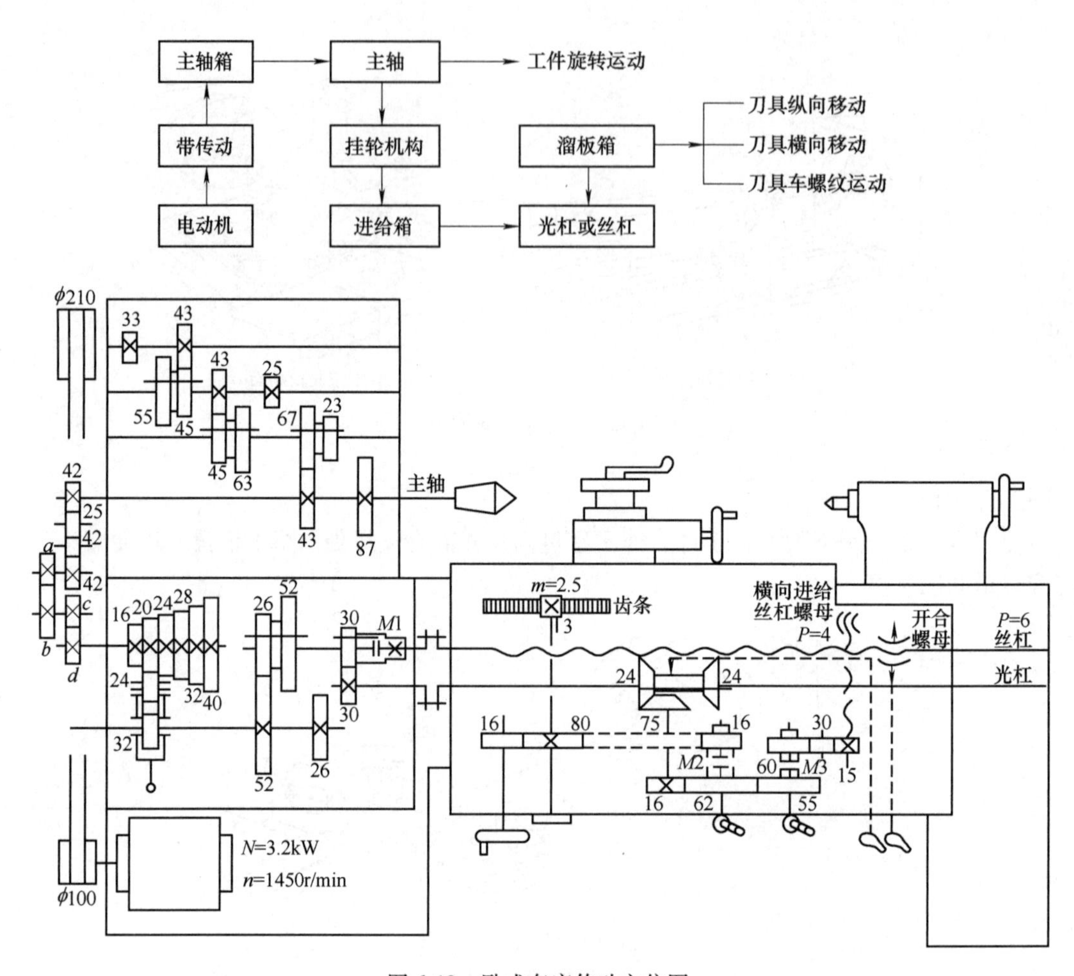

图 6-13 卧式车床传动方位图

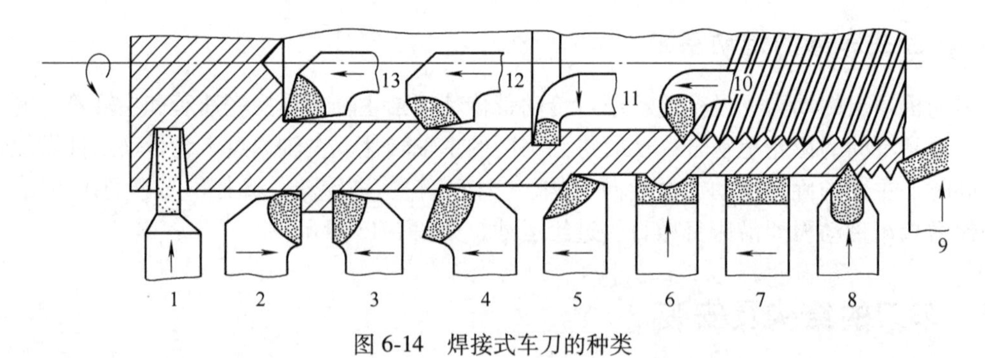

图 6-14 焊接式车刀的种类

1—切断刀 2—90°左偏刀 3—90°右偏刀 4—弯头车刀 5—直头车刀 6—成形车刀 7—宽刃精车刀 8—外螺纹车刀 9—端面车刀 10—内螺纹车刀 11—内槽车刀 12—通孔车刀 13—盲孔车刀

1. 车刀角度

车刀的主要角度有前角 γ_0、后角 α_0、主偏角 κ_r、副偏角 κ_r' 和刃倾角 λ_s，如图 6-15 所示。

车刀的组成如图 6-16 所示。

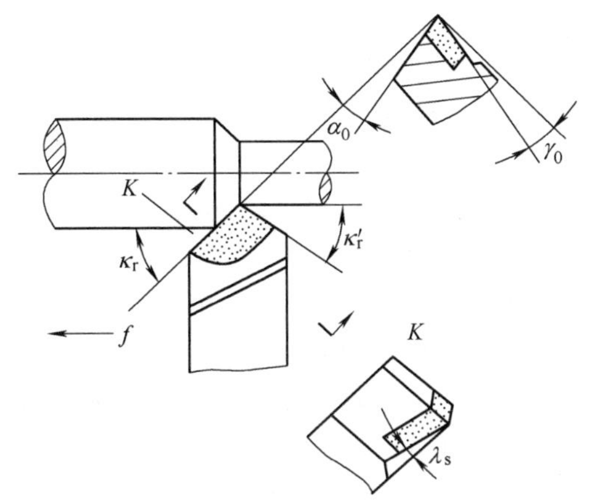

图 6-15　车刀角度

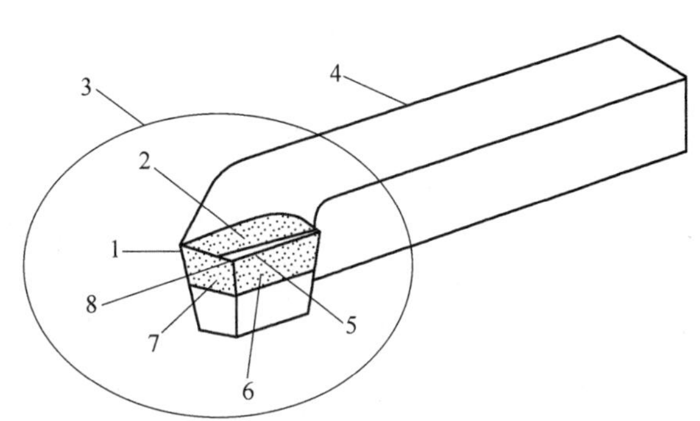

图 6-16　车刀的组成

1—副切削刃　2—前面　3—刀头　4—刀体

5—主切削刃　6—主后面　7—副后面　8—刀尖

车刀刀尖形成如图 6-17 所示。

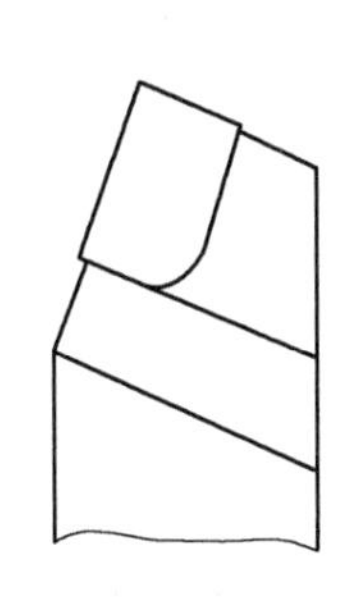

a) 切削刃的实际交点

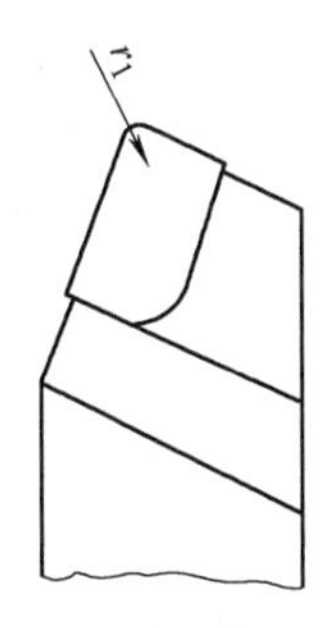

b) 圆弧过渡刃

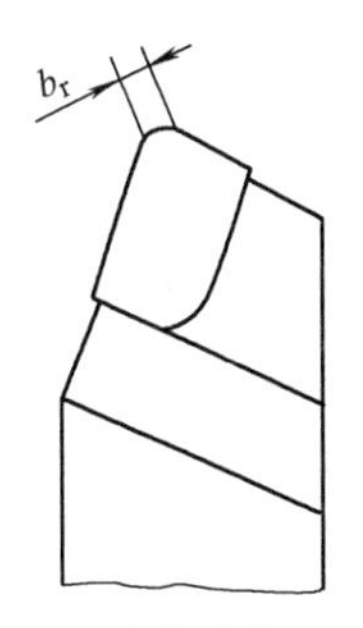

c) 直线过渡刃

图 6-17　刀尖的形成

（1）前角 γ_0　前面与基面之间的夹角，表示前面的倾斜程度。前角可分为正、负、零。前面在基面之下则前角为正值，反之为负值，相重合为零。

前角的作用：增大前角，可使切削刃锋利、切削力降低、切削温度低、刀具磨损小、表面加工质量高；但过大的前角会使刃口强度降低，容易造成刃口损坏。

选择原则：用硬质合金车刀加工钢件（塑性材料等），一般选取 $\gamma_0=10°\sim20°$；加工灰铸铁（脆性材料等），一般选取 $\gamma_0=5°\sim15°$。精加工时，可取较大的前角，粗加工时应取较小的前角。工件材料的强度和硬度大时，前角取较小值，有时甚至取负值。

（2）后角 α_0　主后面与切削平面之间的夹角，表示主后面的倾斜程度。

后角的作用：减少主后面与工件之间的摩擦，并影响刃口的强度和锋利程度。选择原则：一般后角可取 $\alpha_0=6°\sim8°$。

（3）主偏角 κ_r　主切削刃与进给方向在基面上投影间的夹角。

主偏角的作用：影响切削刃的工作长度、背向力、刀尖强度和散热条件。主偏角越小，则切削刃工作长度越长，散热条件越好，但背向力越大。

选择原则：车刀常用的主偏角有45°、60°、75°、90°几种。工件粗大、刚性好时，可取较小值。车细长轴时，为了减少背向力而引起工件弯曲变形，宜选取较大值。

（4）副偏角 κ_r'　副切削刃与进给方向在基面上投影间的夹角。

作用：影响已加工表面的表面粗糙度，减小副偏角可使已加工表面光洁。选择原则：一般取5°~15°，精车时可取5°~10°，粗车时取10°~15°。

（5）刃倾角 λ_s　主切削刃与基面间的夹角，刀尖为切削刃最高点时为正值，反之为负值。刃倾角的作用：主要影响主切削刃的强度和控制切屑流出的方向。以刀杆底面为基准，当刀尖为主切削刃最高点时，λ_s 为正值，切屑流向待加工表面；当主切削刃与刀杆底面平行时，$\lambda_s=0°$，切屑沿着垂直于主切削刃的方向流出；当刀尖为主切削刃最低点时，λ_s 为负值，切屑流向已加工表面。选择原则：一般 λ_s 在0°~±5°之间选择。粗加工时，常取负值，虽切屑流向已加工表面，但保证了主切削刃的强度好。精加工时常取正值，使切屑流向待加工表面，从而不会划伤已加工表面的质量。

2. 刀具材料的要求

作为刀具材料必须具备以下特性：

（1）高硬度　是指在常温下有一定的硬度，一般刀具切削部分的硬度要高于被切工件材质硬度3~4倍，通常应大于60HRC。

（2）耐磨性　在切削过程中，刀具应具备的良好的抗磨损的能力。

（3）热硬性（耐热性）　刀具在高温下仍能保持硬度和切削能力而不软化的性能，常常以仍能保持足够硬度的最高温度表示，超过这一温度时就下降。

（4）强度、韧性　刀具承受振动和冲击的能力，一般冷硬性和热硬性较好的材料，它的强度和韧性往往较差。

（5）工艺性　是指其切削加工、锻造、热处理等工艺性。

3. 常用车刀材料

目前常用车刀材料有两大类：一类是硬质合金，一类是高速工具钢。

（1）硬质合金　硬质合金用具有高耐磨性如耐热性的碳化钨（WC）、碳化钛（TiC）和钴（Co）的粉末在高压下成形，并经1500℃的高温烧结而成，钴起黏结作用。硬质合金分为两类：钨钴类、钨钴钛类。钨钴合金比钨钴钛合金的韧性好，而钨钴钛合金比钨钴合金的热硬性好，因此钨钴合金常用来加工脆性材料，或冲击性较大的零件，如铸铁等；钨钴钛合金常用来加工塑性材料如碳钢等。

（2）高速工具钢　高速工具钢的硬度、耐磨性、热硬性及允许的切削速度比硬质合金低，但其抗弯强度、冲击韧度比硬质合金高，且具有工艺性好、容易刃磨等优点，因此，常用来制造形状复杂的刀具，如钻头、铣刀齿轮刀具、螺纹刀具、成形刀具等。

4. 车刀的安装

车刀必须正确牢固地安装在刀架上，如图6-18所示。

安装车刀时应注意下列几点：

1）刀头不宜伸出太长，否则切削时容易产生振动，影响工件加工精度和表面粗糙度。一般刀头伸出长度不超过刀杆厚度的两倍，能看见刀尖车削即可。

2）刀尖应与车床主轴中心线等高。车刀装得太高，后角减小，则车刀的主后面会与工件产生强烈的摩擦；如果装得太低，前角减少，切削不顺利，会使刀尖崩碎。刀尖的高低，可根据尾座顶尖高低来调整。车刀的安装如图 6-18 所示。

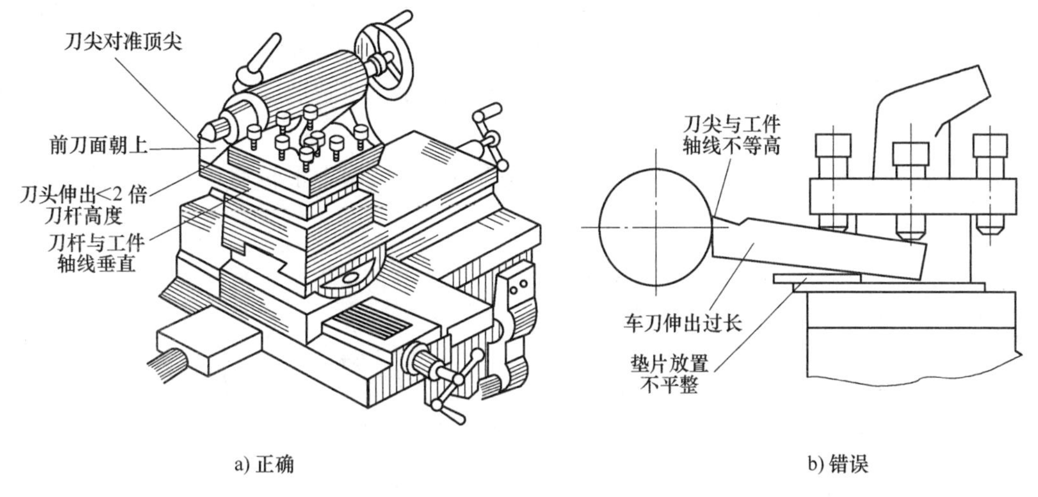

图 6-18　车刀的安装

3）车刀底面的垫片要平整，并尽可能用厚垫片，以减少垫片数量。调整好刀尖高低后，至少要用两个螺钉交替将车刀拧紧。

5. 车刀的刃磨

车刀（指整体车刀与焊接车刀）用钝后重新刃磨是在砂轮机上进行的。磨高速工具钢车刀用氧化铝砂轮（白色），磨硬质合金刀头用碳化硅砂轮（绿色）。

（1）砂轮的选择　砂轮的特性由磨料、粒度、硬度、结合剂和组织共五个因素决定。

1）磨料。常用的磨料有氧化物系、碳化物系和高硬磨料系 3 种。氧化铝砂轮磨粒硬度低（2000~2400HV）、韧性大，适用于刃磨高速工具钢车刀，白色的叫作白刚玉，灰褐色的叫作棕刚玉。碳化硅砂轮的磨粒硬度比氧化铝砂轮的磨粒高（2800HV 以上），性脆而锋利，并且具有良好的导热性和导电性，适用于刃磨硬质合金车刀。常用的是黑色和绿色的碳化硅砂轮，而绿色的碳化硅砂轮更适合刃磨硬质合金车刀。

2）硬度。砂轮的硬度是反映磨粒在磨削力作用下，从砂轮表面上脱落的难易程度。砂轮硬，即表面磨粒难以脱落；砂轮软，表示磨粒容易脱落。刃磨高速工具钢车刀和硬质合金车刀时应选软或中软的砂轮。

应根据刀具材料正确选用砂轮。刃磨高速工具钢车刀时，应选用粒度为 46 号到 60 号的软或中软的氧化铝砂轮。刃磨硬质合金车刀时，应选用粒度为 60 号到 80 号的软或中软的碳化硅砂轮，两者不能搞错。

（2）车刀刃磨　具体步骤如下：

1）磨主后面，同时磨出主偏角及主后角。

2）磨副后面，同时磨出副偏角及副后角。

3）磨前面，同时磨出前角。

4）修磨各面及刀尖。

（3）刃磨车刀的姿势及方法

1）人站立在砂轮机的侧面，以防砂轮碎裂时，碎片飞出伤人。

2）两手握刀的距离放开，两肘夹紧腰部，以减小磨刀时的抖动。

3）磨刀时，车刀要放在砂轮的水平中心，刀尖略向上翘3°~8°，车刀接触砂轮后应做左右方向水平移动。当车刀离开砂轮时，车刀需向上抬起，以防磨好的刀刃被砂轮碰伤。

4）磨后面时，刀杆尾部向左偏过一个主偏角的角度；磨副后面时，刀杆尾部向右偏过一个副偏角的角度。

5）修磨刀尖圆弧时，通常以左手握车刀前端为支点，用右手转动车刀的尾部。磨外圆车刀的一般步骤如图6-19所示。

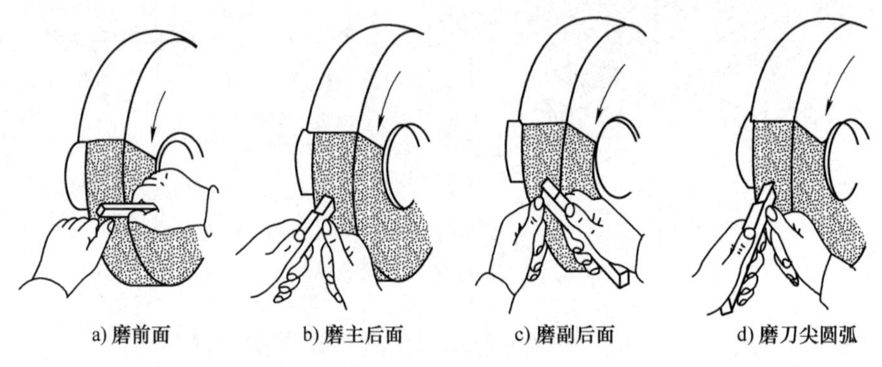

图6-19　车刀刃磨

6.4　车床的操作要点

6.4.1　刻度盘的使用

车削过程必须正确调整背吃刀量。背吃刀量的调整通常使用机床大、中、小滑板上的刻度盘来进行。

对刻度盘的使用，可通过中滑板上的刻度盘来说明：中滑板的刻度盘装在中滑板的丝杠上，转动中滑板的手柄转动一周，即带动丝杠转动一圈，刻度盘也随之转一圈。同时，固定在中滑板上的螺母就带动中滑板、车刀移动一个导程。

如果中滑板丝杠的导程为5mm，刻度盘分为100格，刻度盘转过一格时，中滑板的位移量为5mm/100=0.05mm。不过，丝杠与螺母之间的配合往往存在间隙，实际操作时会产生一定的空行程，即刻度盘转动而滑板并未移动。所以在使用时应消除螺纹间隙，其方法是反方向将刻度盘转回半周以上，以消除丝杠与螺母之间的全部空行程，然后再进刀，转到所需要的格数。

应该注意，在实际车削时，工件做圆周运动，中滑板刻度盘的进给量只是工件直径余量尺寸的1/2。

6.4.2　切削用量的基本知识

车削的工件毛坯加工余量一般都较大，为了获得较高的生产效率和产品质量，可将工件加工分为若干步骤进行。对精度要求较高的零件，一般按粗车、半精车、精车的顺序进行。

车床的调整包括主轴转速和车刀的进给量。主轴的转速是根据切削速度计算选取的，而切削速度的选择则和工件材料、刀具材料以及工件加工精度有关。用高速工具钢车刀车削时，v=0. 3~1m/s，用硬质合金刀时，v=1~3m/s。车高硬度钢比车低硬度钢的转速低一些。

例如，用硬质合金车刀加工直径 D=200mm 的铸铁带轮，选取的切削速度 v=0. 9m/s，计算主轴的转速为

$$n=\frac{1000\times60\times v}{\pi D}=\frac{1000\times60\times0.9}{3.14\times200}\text{r/min}\approx99\text{r/min}$$

进给量根据工件加工要求确定。粗车时，一般取 0. 2~0. 3mm/r；精车时，随所需要的表面粗糙度而定。例如表面粗糙度为 Ra3. 2μm 时，选用 0. 1~0. 2mm/r；表面粗糙度为 Ra1. 6mm 时，选用 0. 06~0. 12mm/r，等。进给量的调整可对照车床进给量表扳动手柄位置，具体方法与调整主轴转速相似。

粗车的目的是尽快地切去多余的金属层，使工件接近于最后的形状和尺寸。粗车后应留下 0. 5~1mm 的加工余量。

精车是切去余下少量的金属层以获得零件所求的精度和表面粗糙度，因此背吃刀量较小，为 0. 1~0. 2mm，切削速度则可用较高或较低速，初学者可用较低速。为了提高工件表面粗糙度，用于精车的车刀的前、后面应采用磨石加机油磨光，有时刀尖磨成一个小圆弧。

为了保证加工的尺寸精度，应采用试切法车削，如图 6-20 所示。

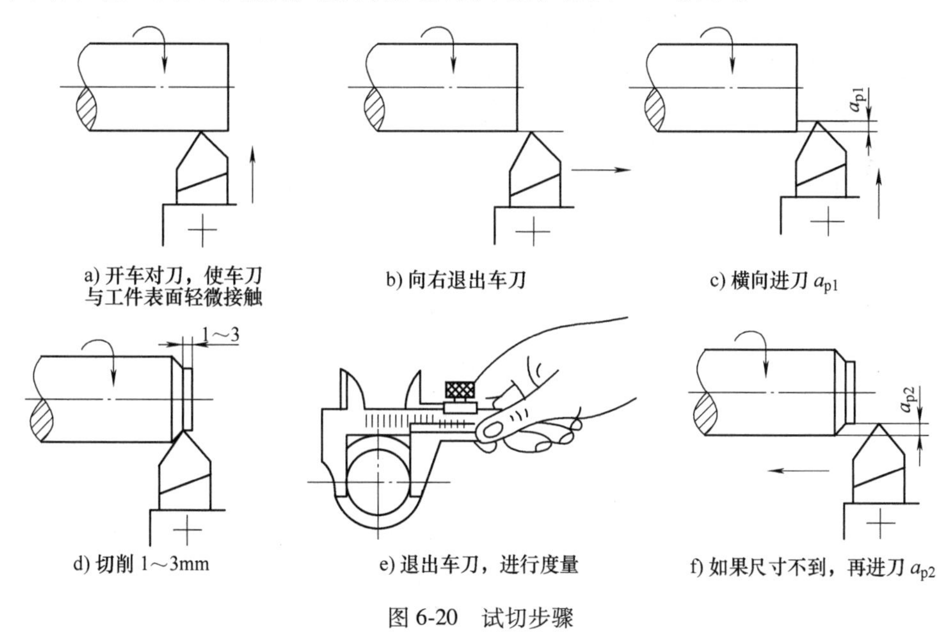

图 6-20　试切步骤

6. 4. 3　切削液的使用

在切削过程中，车刀与工件、切屑接触摩擦，工件表面和切屑产生塑性变形，会产生大量热量。因此，在切削过程中应通过使用切削液来减少摩擦、带走热量，从而提高产品质量、生产率和延长刀具寿命。常用的切削液有以下几种。

（1）切削油　切削油的比热容较小、黏度大、冷却性能较差，主要用于铝合金和铜合金的铰孔、车螺纹等。如果在普通切削油中加入极压添加剂、油性添加剂等，得到极压切削

油，可用于各种钢材的粗车、精车、铰孔、车螺纹等。

（2）乳化液　乳化液的比热容大、黏度小、冷却性能较好，能够吸收大量的热，可有效地冷却工件和刀具，但润滑性能较差，常用于碳钢、合金钢、铸铁、铜合金和铝合金的粗车、钻孔等。若在普通乳化液中加入一定的油性添加剂、极压添加剂和防锈添加剂等，称为极压乳化液，可用于各种钢材的车削。

（3）水溶液　水溶液是以水为基础的切削液，其冷却性能最好，主要用于碳钢、合金钢和铸铁的粗车、钻孔等。其中，润滑性较好的水溶液主要用于不锈钢、耐热钢和铜合金的粗车、精车、切槽、钻孔等。

6.4.4　轴类零件的车削

所谓轴类零件，就是长度大于直径3倍以上的机械零件。通常轴类零件由圆柱面（或圆锥面）、台阶面和端面组成。因此，轴类零件的车削，主要是车外圆、车台阶、车端面、切断、切槽、车偏心轴等的操作。

车削轴类零件时，除了要达到尺寸精度和表面粗糙度要求外，还应满足一定的形状和位置精度要求，如圆度、圆柱度、同轴度、垂直度等。

1. 车端面

车端面时，刀具的主切削刃要与端面有一定的夹角。工件伸出卡盘外部分应尽可能短一些，车削时用中滑板横向进给，进给次数根据加工余量而定，可采用自外向中心的进给方法，也可以采用自圆中心向外进给的方法，如图6-21所示。

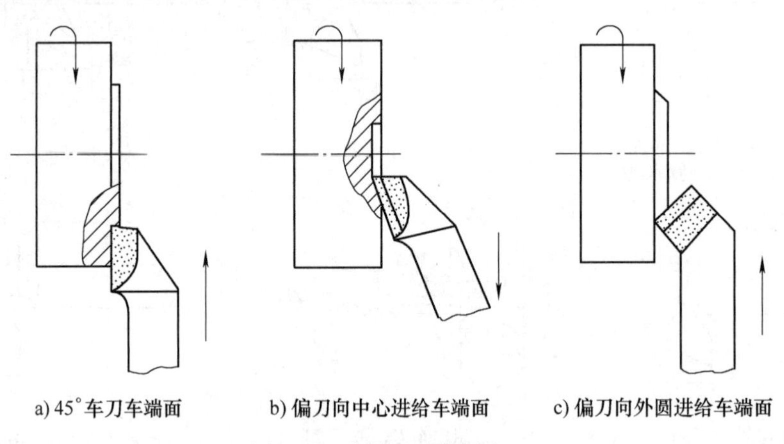

a) 45°车刀车端面　b) 偏刀向中心进给车端面　c) 偏刀向外圆进给车端面

图6-21　车端面的常用车刀

车端面时应注意以下几点：

1）车刀的刀尖应对准工件中心，以免车出的端面中心留有凸台。偏刀车端面，当背吃刀量较大时，容易扎刀。背吃刀量 a_p 的选择：粗车时 a_p = 0.2～1mm，精车时 a_p = 0.05～0.2mm。

2）端面的直径从外到中心是变化的，切削速度也在改变，在计算切削速度时必须按端面的最大直径计算。

3）车直径较大的端面，若出现凹心或凸肚时，应检查车刀和方刀架，以及大滑板是否锁紧。

4）端面不平、产生凸凹现象或端面中心留“小头”，原因是车刀刃磨或安装不正确，刀尖没有对准工件中心，吃刀量过大，或车床有间隙，滑板移动造成。

5）表面粗糙度差。原因是车刀不锋利，手动进给摇动不均匀或太快，自动进给切削用量选择不当。

2. 车台阶

车台阶的方法与车外圆基本相同，但在车削时应兼顾外圆直径和台阶长度两个方向的尺寸要求，还必须保证台阶平面与工件轴线的垂直度要求。台阶长度的控制方法如下：

1）台阶长度要求较低时，可直接用大滑板刻度盘控制。

2）台阶长度可用钢直尺或样板确定位置，如图 6-22 所示。车削时先用刀尖车出比台阶长度略短的刻痕作为加工界限，台阶的准确长度可用游标卡尺或深度游标卡尺测量。

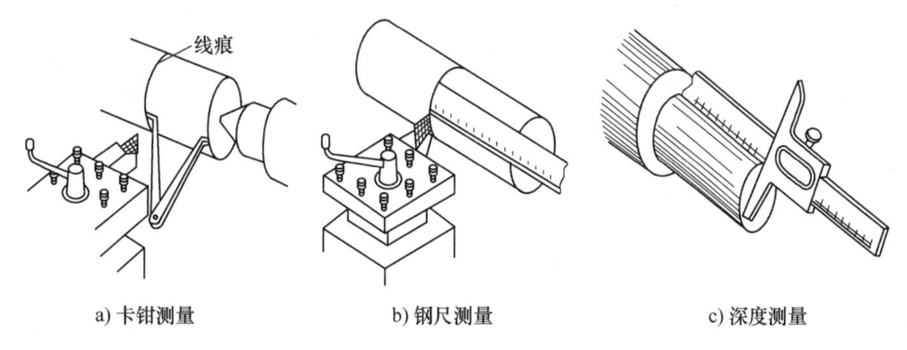

a) 卡钳测量　　b) 钢尺测量　　c) 深度测量

图 6-22　台阶长度的控制方法

3）台阶长度要求较高且长度较短时，可用小滑板刻度盘控制其长度。

3. 滚花

滚花花纹有直纹和网纹两种，滚花刀也分直纹滚花刀（见图 6-23a）、网纹滚花刀（见图 6-23b）和六轮滚花刀（见图 6-23c）。滚花是指用滚花刀来挤压工件，使其表面产生塑性变形而形成花纹。滚花的背向挤压力很大，因此加工时，工件的转速要低一些，需要充分供给冷却液，以免研坏滚花刀和防止细屑滞塞在滚花刀内而产生乱纹。

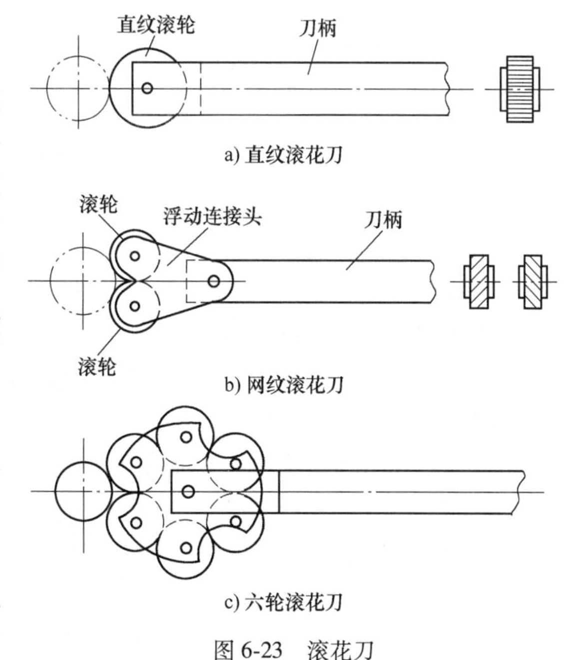

a) 直纹滚花刀

b) 网纹滚花刀

c) 六轮滚花刀

图 6-23　滚花刀

4. 切槽、切断

（1）切槽　在工件表面上车沟槽的方法叫切槽，形状有外槽、内槽和端面槽，如图 6-24 所示。

1）切槽刀的选择。常选用高速工具钢切槽刀切槽，高速工具钢切槽刀如图 6-25所示。

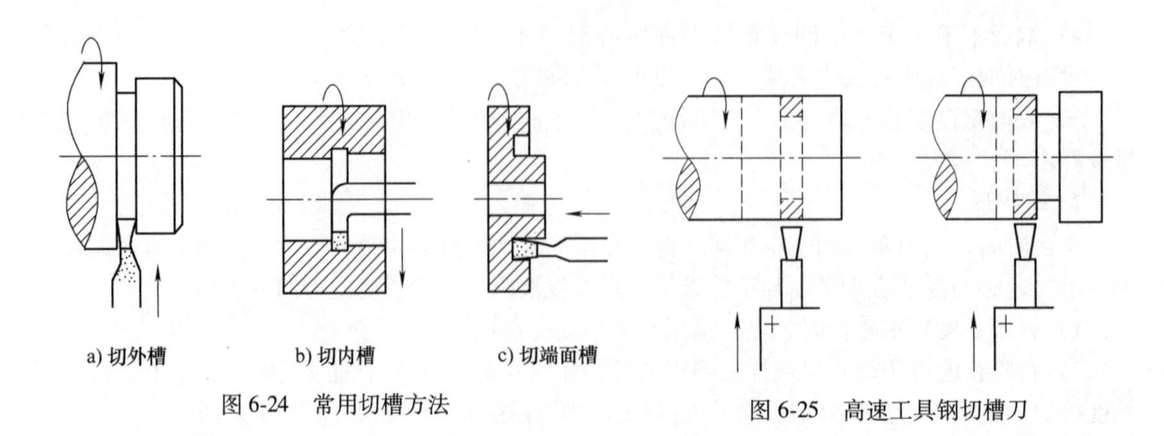
a) 切外槽　b) 切内槽　c) 切端面槽

图 6-24　常用切槽方法

图 6-25　高速工具钢切槽刀

2）切槽的方法。车削精度不高和宽度较窄的矩形沟槽时，可以用刀宽等于槽宽的切槽刀，采用直进法一次车出。精度要求较高的，一般分两次车成。车削较宽的沟槽时，可用多次直进法切削（见图 6-26），并在槽的两侧留一定的精车余量，然后根据槽深、槽宽精车至尺寸。

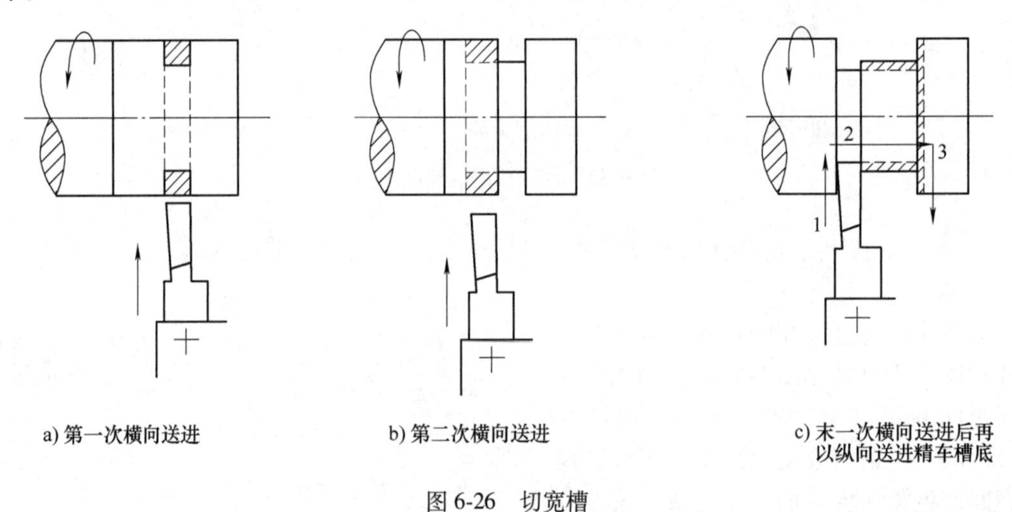

a) 第一次横向送进　b) 第二次横向送进　c) 末一次横向送进后再以纵向送进精车槽底

图 6-26　切宽槽

（2）切断　切断要用切断刀。切断刀的形状与切槽刀相似，但因刀头窄而长，很容易折断。常用的切断方法有直进法和左右借刀法两种，如图 6-26 所示。直进法常用于切断铸铁等脆性材料，左右借刀法常用于切断钢等塑性材料。

切断时应注意以下几点：

1）切断一般在卡盘上进行，如图 6-27 所示。工件的切断处应距卡盘近一些，避免在顶尖安装的工件上切断。

2）切断刀刀尖必须与工件中心等高，否则切断处将剩有凸台，且刀头也容易损坏（见图 6-28）。

3）切断刀伸出刀架的长度不要过长，进给要缓慢均匀。将切断时，必须放慢进给速度，以免刀头折断。

4）两顶尖工件切断时，不能直接切到中心，以防车刀折断，工件飞出。

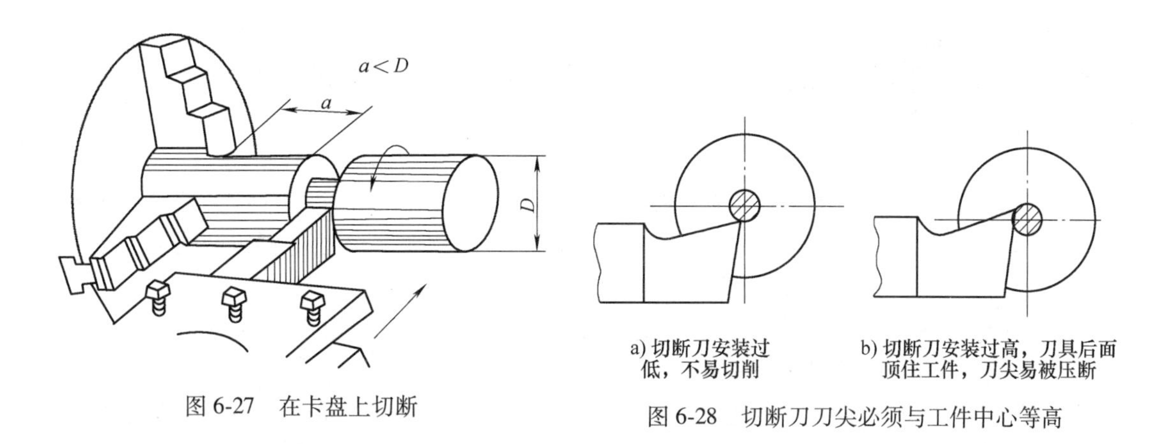

图 6-27　在卡盘上切断

a) 切断刀安装过低，不易切削　　b) 切断刀安装过高，刀具后面顶住工件，刀尖易被压断

图 6-28　切断刀刀尖必须与工件中心等高

5. 车圆锥面

将工件车削成圆锥表面的方法称为车圆锥面。常用车圆锥面的方法有宽刀法、转动小刀架法、靠模法、尾座偏移法等几种。这里介绍转动小刀架法、尾座偏移法。

（1）转动小刀架法　当加工锥面不长的工件时，可用转动小刀架法车削。车削时，将小滑板下面的转盘上的螺母松开，把转盘转至所需要的圆锥半角 $\alpha/2$ 的刻线上，与基准零线对齐，然后固定转盘上的螺母，如果锥角不是整数，可在锥角附近估计一个值，试车后逐步找正，如图 6-29 所示。

（2）尾座偏移法　当车削锥度小，锥形部分较长的圆锥面时，可以用偏移尾座的方法。此方法可以自动进给，缺点是不能车削整圆锥、内锥体以及锥度较大的工件。将尾座上滑板横向偏移一个距离 S，使偏位后两顶尖连线与原来两顶尖中心线相交形成一个 $\alpha/2$ 的角度，尾座的偏向取决于工件大小头在两顶尖间的加工位置。尾座的偏移量与工件的总长有关，如图 6-30 所示，尾座偏移量可用下列公式计算：

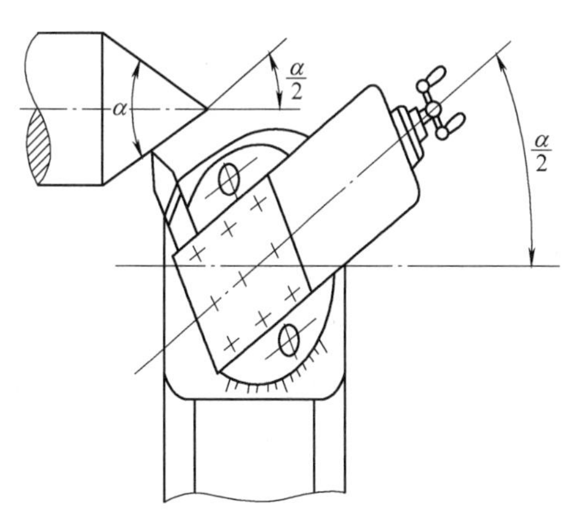

图 6-29　转动小滑板车圆锥面

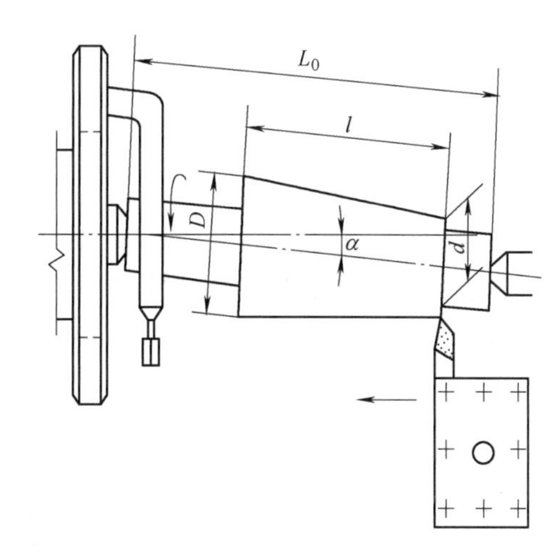

图 6-30　尾座偏移法车圆锥面

$$S = \frac{D-d}{2L} L_0$$

式中，S 为尾座偏移量；L 为工件锥体部分长度；L_0 为工件总长度；D、d 为锥体大头直径

和锥体小头直径。

尾座的偏移方向，由工件的锥体方向决定。当工件的小端靠近床尾处时，尾座应向里移动，反之，尾座应向外移动。

（3）车圆锥体的质量分析

1）锥度不准确。原因是计算上的误差；小滑板转动角度和尾座偏移量不精确；或者是车刀、滑板、尾座没有固定好，在车削中移动。甚至因为工件的表面粗糙度值太大，量规或工件上有毛刺或没有擦干净，而造成检验和测量的误差。

2）圆锥素线不直。圆锥素线不直是指锥面不是直线，锥面上产生凹凸现象或是中间低、两头高，主要原因是车刀安装没有对准中心。

3）表面粗糙度不合要求。造成表面粗糙度差的原因是切削用量选择不当，车刀磨损或刃磨角度不合理，没有进行表面抛光或者抛光余量不够。用小滑板车削锥面时，手动进给不均匀，另外机床的间隙大，工件刚性差也会影响工件的表面粗糙度。

6. 车螺纹

将工件表面车削成螺纹的方法称为车螺纹。螺纹按牙型分有三角形螺纹、矩形螺纹和梯形螺纹等（见图 6-31）。其中普通米制三角形螺纹应用最广。

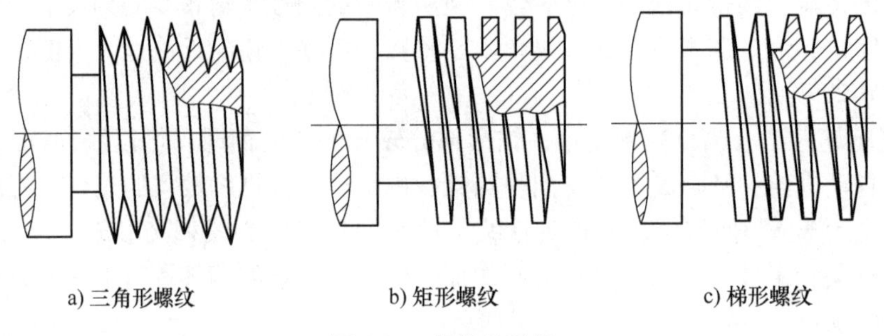

a) 三角形螺纹　　b) 矩形螺纹　　c) 梯形螺纹

图 6-31　螺纹的种类

（1）普通三角形螺纹的基本牙型　普通三角形螺纹的基本牙型如图 6-32 所示。

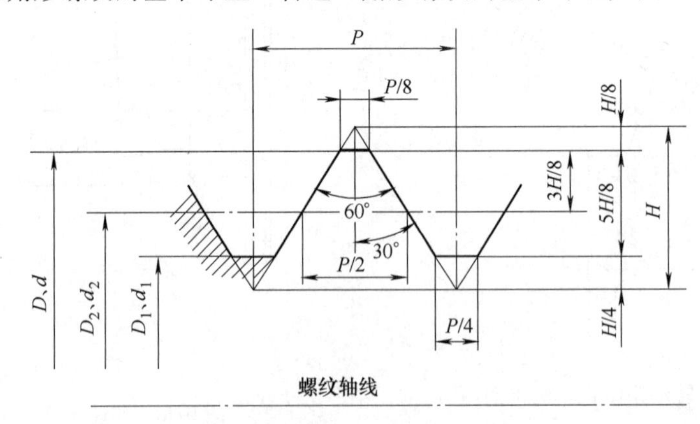

图 6-32　普通三角形螺纹基本牙型

D—内螺纹大径（公称直径）　d—外螺纹大径（公称直径）　D_2—内螺纹中径

d_2—外螺纹中径　D_1—内螺纹小径　d_1—外螺纹小径　P—螺距　H—原始三角形高度

决定螺纹的基本要素有三个：

1）螺距 P。它是沿轴线方向上相邻两牙间对应点的距离。

2）牙型角 α。螺纹轴向剖面内螺纹两侧面的夹角。

3）螺纹中径 D_2（d_2）。它是平螺纹理论高度 H 的一个假想圆柱体的直径。在中径处的螺纹牙厚和槽宽相等。只有内外螺纹中径都一致时，两者才能很好地配合。

（2）车削外螺纹的方法与步骤

1）准备工作。

①安装螺纹车刀时，车刀的刀尖角等于螺纹牙型角 $\alpha=60°$，其前角 $\gamma_0=0°$才能保证工件螺纹的牙型角，否则牙型角将产生误差。只有粗加工时或螺纹精度要求不高时，其前角可取 $\gamma_0=5°\sim20°$。安装螺纹车刀时刀尖对准工件中心，并用样板对刀，以保证刀尖角的角平分线与工件的轴线相垂直，车出的牙型角才不会偏斜，如图 6-33 所示。

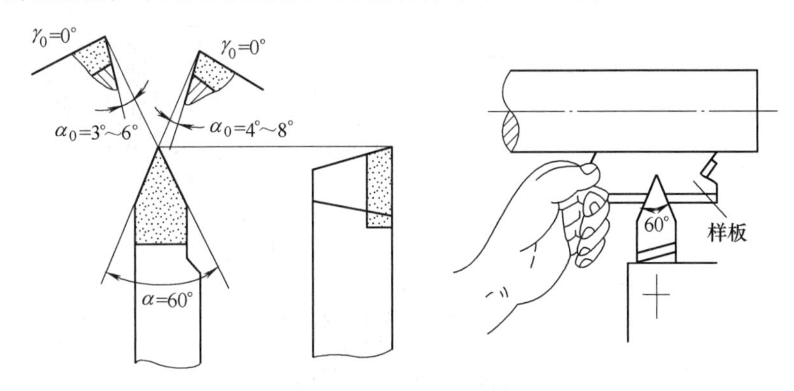

图 6-33　螺纹车刀几何角度与用样板对刀

②按螺纹规格车螺纹外圆，并按所需长度刻出螺纹长度终止线。先将螺纹外径车至尺寸，然后用刀尖在工件上的螺纹终止处刻一条微可见线，以它作为车螺纹的退刀标记。

③根据工件的螺距 P，查机床上的标牌，然后调整进给箱上手柄位置及配换挂轮箱齿轮的齿数，以获得所需要的工件螺距。

④确定主轴转速。初学者应将车床主轴转速调到最低速。

2）车螺纹的方法和步骤。

①确定车螺纹背吃刀量的起始位置，将中滑板刻度调到零位，开车，使刀尖轻微接触工件表面，然后迅速将中滑板刻度调至零位，以便于进刀记数。

②试切第一条螺旋线并检查螺距。将床鞍摇至离工件端面 8～10 牙处，横向进刀 0.05mm 左右。开车，合上开合螺母，在工件表面车出一条螺旋线，至螺纹终止线处退出车刀，开反车把车刀退到工件右端；停车，用钢尺检查螺距是否正确，如图 6-34a 所示。

③用刻度盘调整背吃刀量，开车切削，如图 6-34b 所示。螺纹的总背吃刀量 a_p 与螺距的关系按经验公式 $a_p\approx0.65P$，每次的背吃刀量约 0.1mm。

④车刀将至终点时，应做好退刀停车准备，先快速退出车刀，然后开反车退出刀架，如图 6-34e 所示。

⑤再次横向进刀，继续切削至车出正确的牙型，如图 6-34 所示。

（3）螺纹车削注意事项

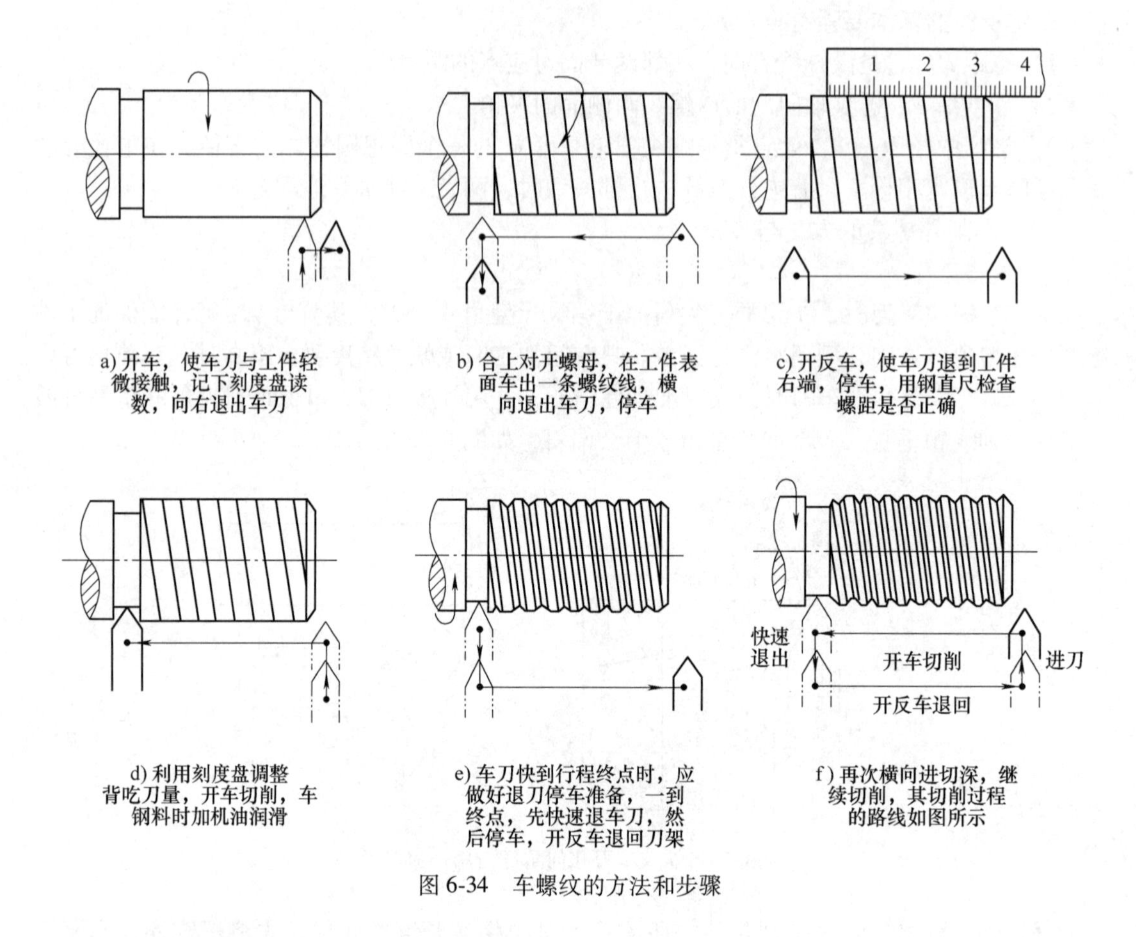

图 6-34　车螺纹的方法和步骤

1）注意和消除滑板的“空行程”。

2）避免“乱扣”。当第一条螺旋线车好以后，第二次进给后车削，刀尖不在原来的螺旋线（螺旋桩）中，而是偏左或偏右，甚至车在牙顶中间，将螺纹车乱，这个现象就叫作“乱扣”。预防乱扣的方法是采用倒顺（正反）车法车削。

3）对刀。对刀前先要安装好螺纹车刀，然后按下开合螺母，开正车（注意应该是空走刀），停车，移动中、小滑板使刀尖准确落入原来的螺旋槽中（不能移动大滑板），同时根据所在螺旋槽中的位置重新做中滑板进刀的记号，再将车刀退出，开倒车，将车退至螺纹头部，再进刀。对刀时一定要注意是正车对刀。

4）借刀。借刀就是螺纹车削到已定深度后，将小滑板向前或向后移动一点距离再进行车削，借刀时注意小滑板移动距离不能过大，以免将牙槽车宽造成“乱扣”.

5）安全注意事项如下：

①车螺纹前先检查好所有手柄是否处于车螺纹位置，防止盲目开车。

②车螺纹时要思想集中，动作迅速，反应灵敏。

③用高速工具钢车刀车螺纹时，车削转速不能太快，以免刀具磨损。

④要防止车刀或者刀架、滑板与卡盘、尾座相撞。

⑤旋螺母时，车刀退离工件，防止车刀将手划破，不要开时旋紧或者退出螺母。

7. 孔加工

车床上可以用钻头、镗刀、铰刀进行钻孔、镗孔、扩孔和铰孔加工。

（1）钻孔　利用钻头将工件钻出孔的方法称为钻孔。钻孔的公差等级为 IT10 以下，表面粗糙度值为 Ra12.5μm，多用于粗加工孔。在车床上钻孔如图 6-35 所示，工件装夹在卡盘上，钻头安装在尾座套筒锥孔内。钻孔前先车平端面并车出一个中心孔或先用中心钻钻中心孔作为引导。

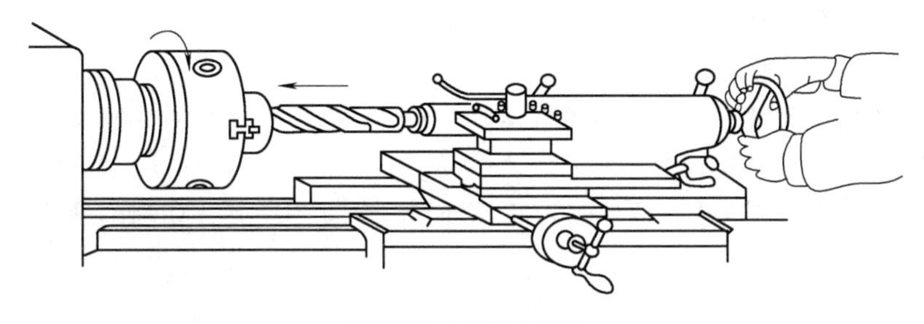

图 6-35　车床上钻孔

钻孔注意事项：

1）起钻时进给量要小，待钻头头部全部进入工件后，才能正常钻削。

2）钻钢件时，应加切削液，防止因钻头发热而退火。

3）钻小孔或钻较深孔时，由于铁屑不易排出，必须经常退出排屑，否则会因铁屑堵塞而使钻头“咬死”或折断。

4）钻小孔时，车削转速应快一些。钻头的直径越大，钻速应相应减慢。

5）当钻头将要钻通工件时，由于钻头横刃首先钻出，因此轴向阻力大减，这时进给速度必须减慢，否则钻头容易被工件卡死，造成锥柄在尾座套筒内打滑而损坏锥柄和锥孔。

（2）车孔　在车床上对工件的孔进行车削的方法叫车孔。车孔可以做粗加工，也可以做精加工。车孔分为车通孔和车不通孔，如图 6-36 所示。车通孔基本上与车外圆相同，只是进刀和退刀方向相反。粗车和精车内孔时也要进行试切和试测，其方法与车外圆相同。注意通孔车刀的主偏角为 45°~75°，不通孔车刀主偏角大于 90°。

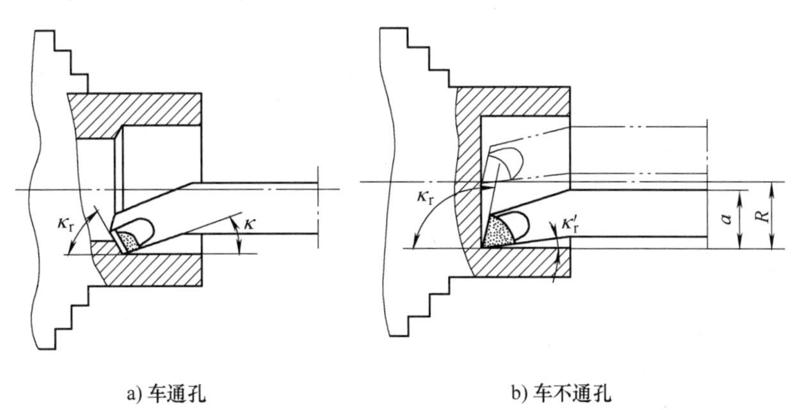

a) 车通孔　　　　b) 车不通孔

图 6-36　车孔

（3）车内孔时的质量分析

1）尺寸精度达不到要求。

①孔径大于要求尺寸，原因是车孔刀安装不正确，刀尖不锋利，小滑板下面转盘基准线未对准“0”线，孔偏斜、跳动，测量不及时。

②孔径小于要求尺寸，原因是刀杆细造成“让刀”现象，塞规磨损或选择不当，铰刀磨损以及车削温度过高。

2）几何精度达不到要求。

①内孔呈多边形原因车床齿轮咬合过紧，接触不良，车床各部间隙过大，薄壁工件装夹变形也会使内孔呈多边形。

②内孔有锥度，原因是主轴中心线与导轨不平行，使用小滑板时基准线不对，切削量过大或刀杆太细造成“让刀”现象。

③表面粗糙度达不到要求，原因是刀刃不锋利，角度不正确，切削用量选择不当，切削液不充分。

6.5 典型零件加工

1. 对图6-37所示零件图样分析

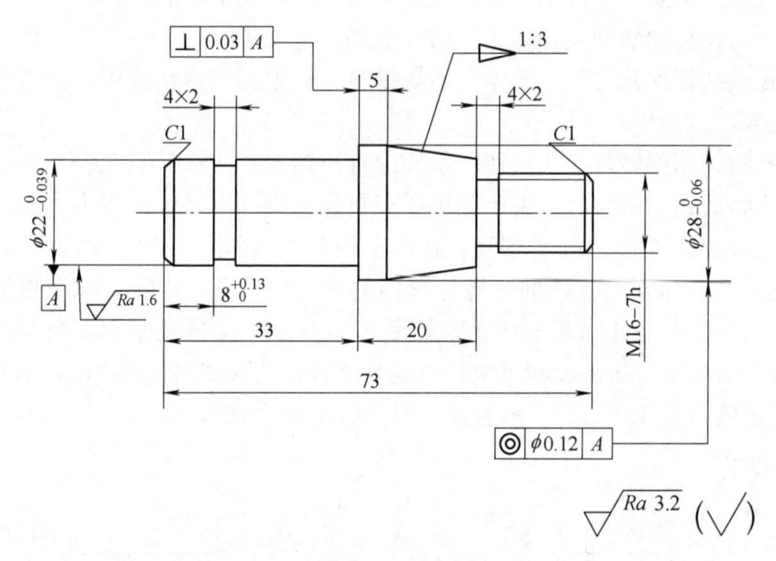

图6-37 短轴

1）零件 $\phi28_{-0.06}^{0}$mm 表面粗糙度值达 $Ra3.2\mu m$。

2）M16螺纹长16mm。

3）总长73mm。

4）圆锥锥度为1∶3。

5）槽尺寸 $8_{0}^{+0.13}$mm。

2. 加工工艺分析

1）用自定心卡盘夹坯料一端，伸出45~50mm长，用90°偏车刀车端面。

2）用90°偏车刀粗车 $\phi28_{-0.06}^{0}$mm 部分至尺寸 $\phi28.5$mm，长39mm，再粗车 $\phi22_{-0.039}^{0}$mm

部分尺寸至 $\phi22.5$mm，长 33mm。

3）用 90°偏车刀精车出 $\phi28_{-0.06}^{0}$mm、表面粗糙度值达 $Ra3.2\mu m$，车出 $\phi22_{-0.039}^{0}$mm 尺寸表面粗糙度值达 $Ra1.6\mu m$ 和 $\phi22$mm 尺寸表面粗糙度值达 $Ra3.2\mu m$ 。

4）用切槽刀切出“4×2”槽，保证尺寸 $8_{0}^{+0.13}$mm。

5）掉头用自定心卡盘夹 $\phi22$mm 处，车另一端面，保证总长 73mm。

6）粗车 M16 螺纹外圆 $\phi16_{-0.28}^{0}$mm，长 20mm，倒角 $C1$，切“4×2”槽。

7）用小滑板转位法车圆锥 1∶3（$\alpha=9°27'$）。

8）车螺纹 M16-7h。

第7章　铣削加工

在铣床上用铣刀对工件进行切削加工的方法称为铣削加工。刀具与工件之间的相对运动称为铣削运动，它由铣刀绕自身轴线的高速旋转运动（主运动）、工件的移动和转动，以及刀具的移动和转动组合而成。铣削加工的尺寸精度为IT9～IT7，表面粗糙度值为*Ra*6.3～1.6μm。若用高的切削速度、小的背吃刀量对有色金属进行精铣，则表面粗糙度值可达*Ra*0.4μm。铣削可加工各种平面、沟槽、轮齿、螺纹、花键轴以及比较复杂的型面，还可以进行切断、分度、钻孔、镗孔等工作。图7-1所示为几种典型铣削加工。

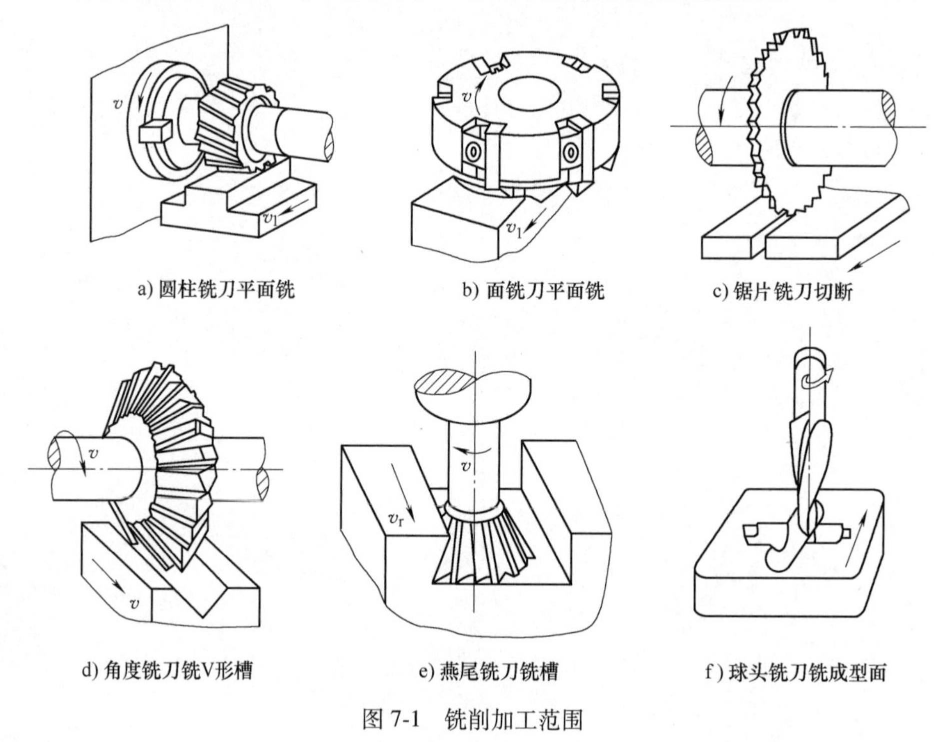

图7-1　铣削加工范围

铣削加工具有生产效率高、应用范围广等特点。在切削加工中，铣床的工作作量仅次于车床：在成批量生产中，除了狭长的平面外，铣削几乎能完全代替刨削。

7.1　铣床

7.1.1　铣床的种类

铣床的种类很多，按布局形式和适用范围主要分为以下几种。

（1）升降台铣床　有卧式、立式、万能式等，用于加工各种小型零件。其应用范围最广，如仪表铣床是用于加工仪器仪表和其他小型零件的一种小型的升降台铣床。卧式铣床的主轴与工作台面是平行的，立式铣床主轴与工作台面是垂直的。图 7-2 所示万能升降台式铣床兼有立式和卧式铣床的功能。图 7-3 所示为 X6132 型万能卧式铣床。

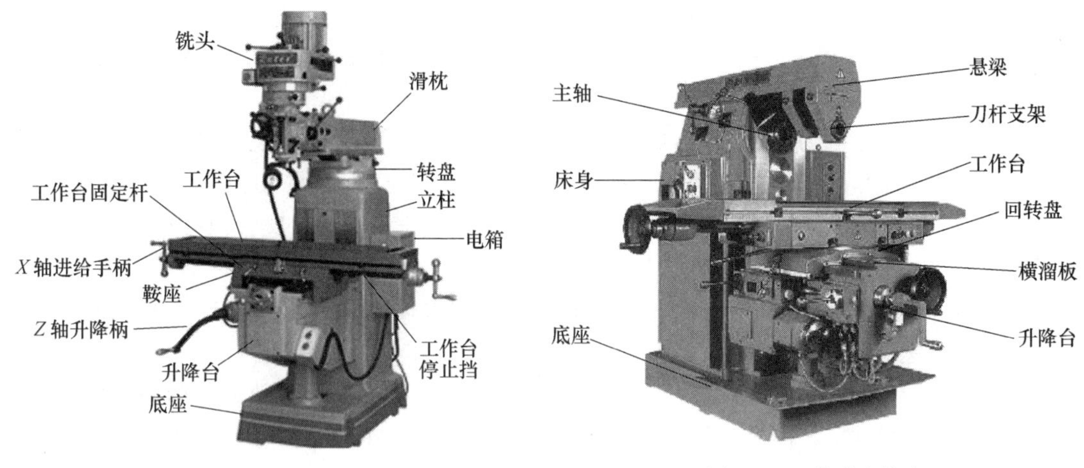

图 7-2　万能升降台式铣床　　　　图 7-3　万能卧式铣床

（2）龙门铣床　包括龙门铣镗床、龙门铣刨床和双柱铣床，如图 7-4 所示。龙门铣床因有一个龙门式框架而得名，它生产效率较高，多用于大批量生产中加工大型零件。

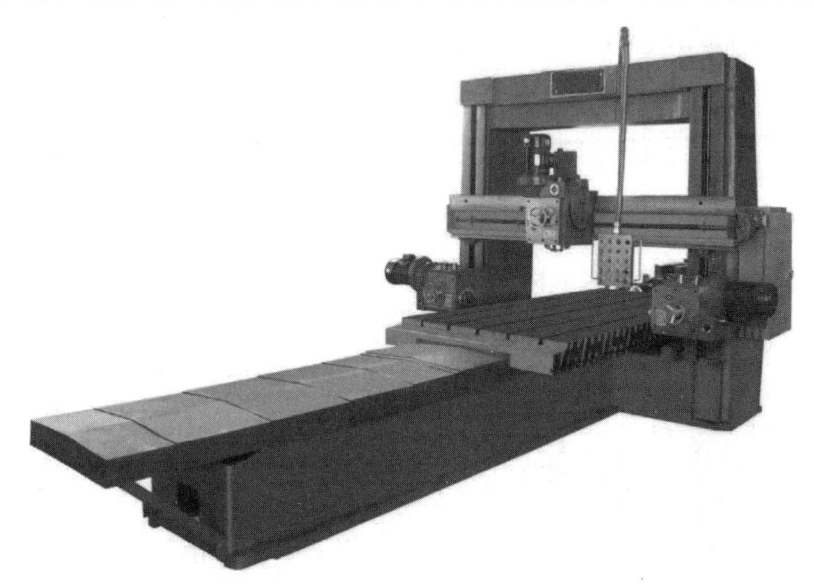

图 7-4　龙门铣床

（3）工具铣床　工具铣床用于各种模具和工具的铣削加工，它配有立铣刀头、万能角度工作台、插头等多种附件，可以进行铣削、钻削、镗削、插削等加工。

（4）专用铣床　专用铣床有键槽铣床、曲轴铣床、钢锭模铣床等。

7.1.2　铣床的组成及作用

（1）床身　床身是铣床的主体，可以用来连接和支撑铣床上的所有部件，床身内部有主传动变速机构和主轴。

（2）横梁　横梁与床身上部的水平导轨连接，沿床身的水平导轨移动，调整其伸出长度，在刀轴最外端与横梁之间安装吊架可增加刀轴的刚性与强度。

（3）主轴　主轴是一根空心轴，它的前端有 7：24 的精密锥孔，其作用是安装刀和刀轴，并带动刀具旋转。

（4）纵向工作台　纵向工作台的台面上有三条 T 形槽，用于安装工件或机床附件。纵向工作台与转台的导轨连接，它可以做纵向移动，以带动工作台纵向进给。

（5）转台　转台能带动纵向工作台在水平面内旋转，其转角的最大值为±45°。转台安装在纵向工作台上。

（6）横向工作台　横向工作台位于升降台的水平导轨上，它可带动转台和纵向工作台一起做横向进给。

（7）升降台　升降台可使整个工件台沿床身的垂直导轨上下移动，以调整工作台面上的工件与铣刀的距离，升降台的内部装有进给调速机构，可将进给电动机的运动传给各工作台。

7.2　铣刀及其安装

7.2.1　铣刀的种类及用途

铣刀是一种多刃刀具，在铣削时铣刀的每个切削刃在每一转中只参加一次切削，其余时间处于停歇状态，有利于散热，而且铣刀在切削过程中是多刃切削，故切削效率比较高。铣刀的种类很多，可以按不同方式进行分类。

1. 按铣刀的结构分类

铣刀按结构可分为整体型和镶嵌型。整体型铣刀如图 7-5a 所示，整体型铣刀刀齿与刀体是由同一种材料制成的，此类刀具直径较小，刀柄为柱形。镶嵌型铣刀如图 7-5b 所示，镶嵌型铣刀刀齿与刀体是由两种材料制成的，刀体通过焊接或机夹方式连接在一起。

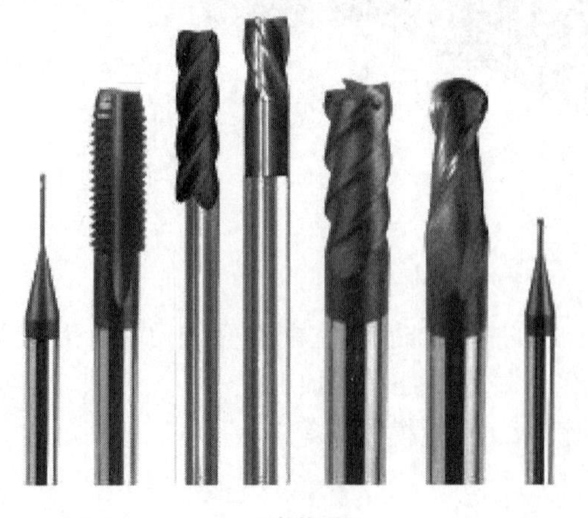

a) 整体型

b) 镶嵌型直柄

图 7-5　立铣刀

2. 按铣刀的安装方式不同分类

铣刀按安装方式可分为带孔铣刀和带柄铣刀。

（1）带孔铣刀　带孔铣刀是安装在卧式铣床刀轴上使用的一种铣刀，如图 7-6 所示，能加工各种表面，用途较广，如圆柱铣刀、三面刃铣刀、锯片铣刀、模数铣刀、单角铣刀、双角铣刀、凸圆弧铣刀、凹圆弧铣刀等。

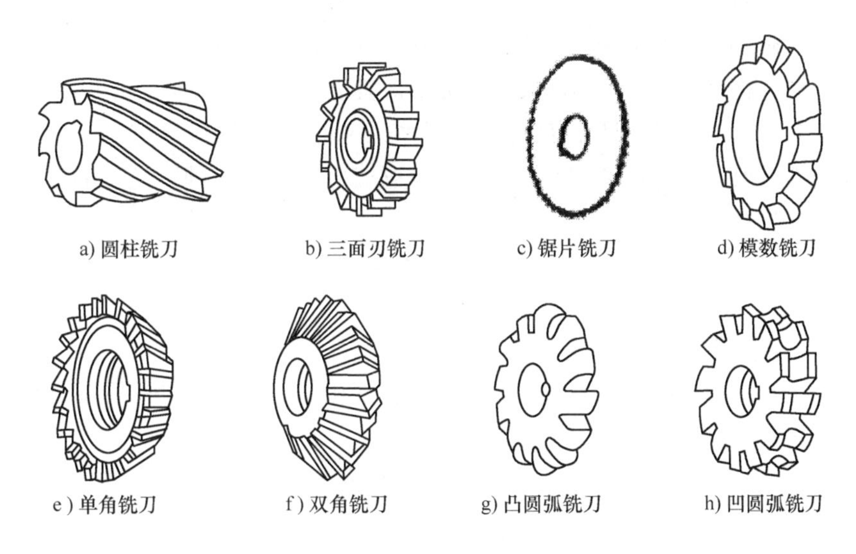

图 7-6　带孔铣刀

（2）带柄铣刀　如图 7-7 所示带柄铣刀有直柄和锥柄之分。一般直径小于 20mm 的较小铣刀做成直柄；直径较大的铣刀做成锥柄，此类铣刀直接安装于铣床主轴上，或用过渡锥套将铣刀装于铣床主轴上。

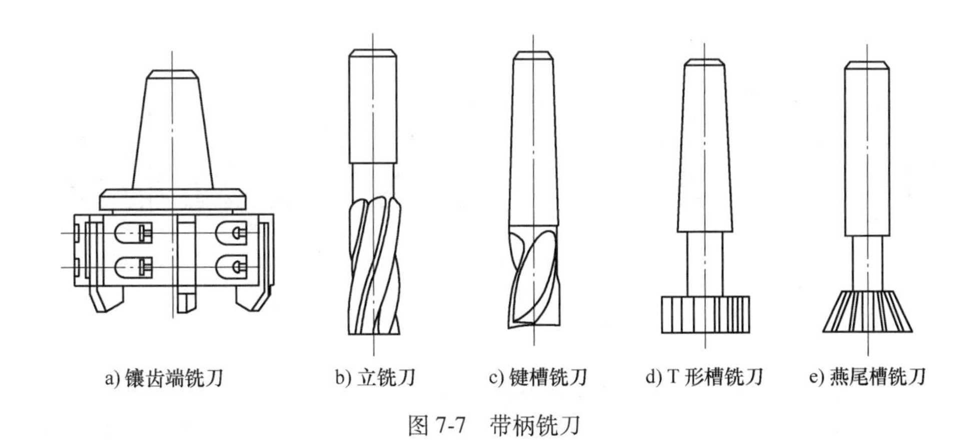

图 7-7　带柄铣刀

3. 按铣刀的形状、用途分类

（1）圆柱平面铣刀　用于卧式铣床上加工平面，这种铣刀仅在刀具的圆柱表面上有切削刃，其齿形有直齿和螺旋齿两种。直齿在切削过程中会产生振动，而旋转齿在铣削过程中工作平稳，但加工时会产生一定的轴向力。

（2）面铣刀　其刀齿分布在铣刀的端面和圆柱面上，多用在立铣床上加工平面，也可用于铣削工件的侧面。锥齿硬质合金面铣刀可用于高速铣削，其生产效率较高。

（3）立铣刀　立铣刀是一种带柄铣刀，它有直柄和锥柄两种形式。立铣刀在圆周上最少有三个切削刃，端面切削刃没有交于铣刀中心，故在切削工件时不能沿铣刀轴向进给，一般多用于铣削小平面、端面、斜面、台阶面、直型槽和V形槽等。

（4）三面刃铣刀　其是圆周和两端面有切削刃的铣刀，故称三面刃铣刀，它可以用在卧式铣床上，加工直角槽、台阶面和较宽的面等。其齿形有直齿和交错齿两种。

（5）角度铣刀　分单角铣刀和双角铣刀两种，双角铣刀又分对称双角铣刀和不对称双角铣刀。角度铣刀根据刀具角度的不同，可以在卧式铣床上对各种不同度的工件进行加工，如螺旋槽、V形槽等。

（6）锯片铣刀　只有圆周上有切削刃，呈盘状，较薄，可以在卧式机床上切断工件。

7.2.2　铣刀的安装

铣刀在铣床上的安装形式，是由铣刀的类型、使用的机床及工件的铣削部位所决定的。下面仅介绍带孔铣刀和带柄铣刀的安装方法。

（1）带孔铣刀的安装　采用刀杆将带孔铣刀安装在卧式铣床上，根据情况可选用长刀杆或短刀杆，如图7-8所示的圆盘铣刀的安装就使用长刀杆。用长刀杆安装带孔铣刀时应注意：

1）铣刀要尽可能造近主轴，以保证铣刀杆的刚度。

2）套管的端面和铣刀的端面必须擦干净，以减少铣刀的跳动。

3）拧紧刀杆的压紧螺母时，必须先转吊架，以防刀杆受力弯曲。

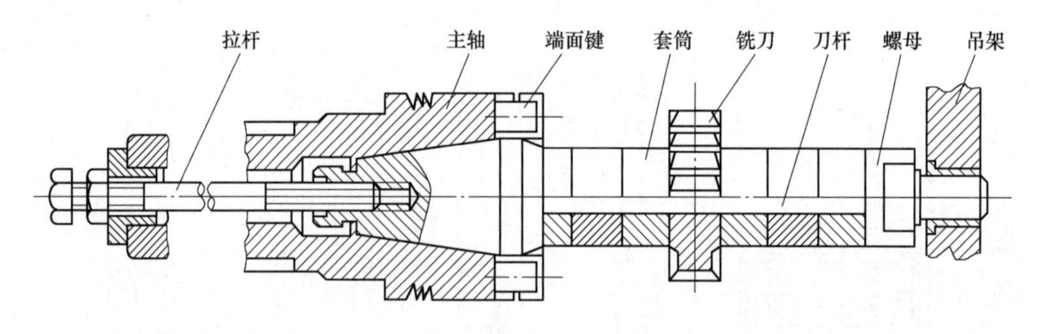

图7-8　圆盘铣刀的安装

（2）带柄铣刀的安装　带柄铣刀又分锥柄铣刀和直柄铣刀。

锥柄铣刀可通过变锥套安装在锥度为7：24锥孔的刀轴上，再将刀轴安装在主轴上。直柄铣刀多采用专业弹性夹头进行安装，一般直径不大于20mm。如图7-9和图7-10所示为带柄铣刀的安装。

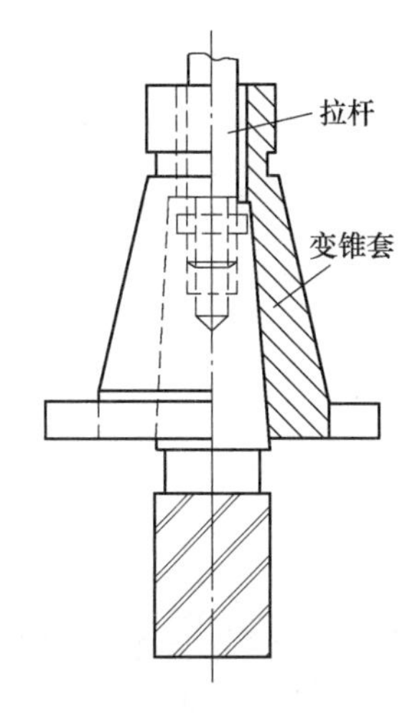

图 7-9　锥柄铣刀的安装

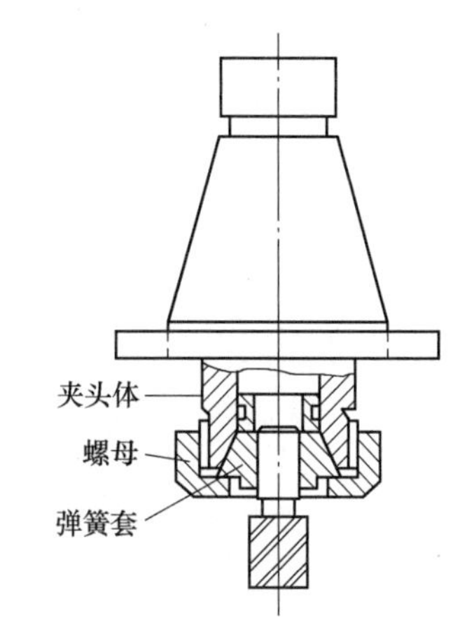

图 7-10　直柄铣刀的安装

7.3　铣床附件

铣床上的主要附件有机用平口钳、回转工作台、分度头和万能分度头等。

1. 机用平口钳

图 7-11 所示为带转台的机用平口钳，主要由底座、钳身、固定钳口、活动钳口、钳口铁以及螺杆等组成。底座下有两个定位键，安装时将定位键放在工作台的 T 形定位槽内即可在铣床上获得正确位置。松开钳身上的压紧螺母，钳身就可在水平面内扳转到所需的角度。工作时，工件安放在固定钳口和活动钳口之间，找正后转动螺杆压紧。钳口铁经过淬硬处理，其平面上的网纹可防止工件滑动。机用平口钳主要用于安装小型较规则的零件，如板块类零件、套类零件、轴类零件和小型支架，如图 7-12 所示。

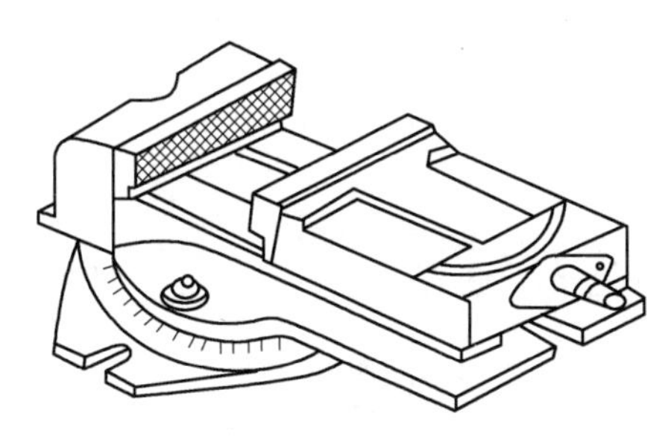

图 7-11　机用平口钳

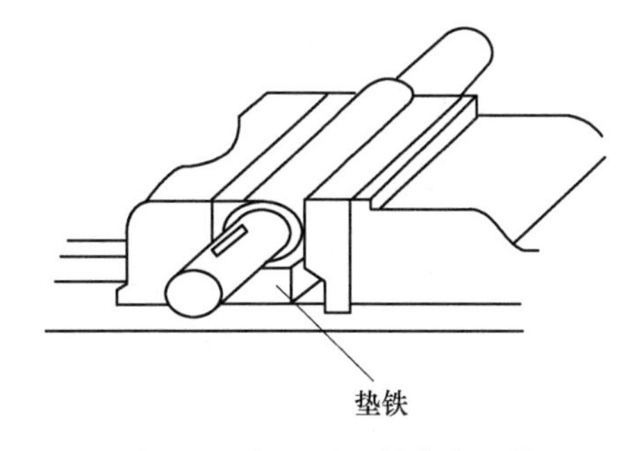

图 7-12　机用平口钳装夹工件

用机用平口钳安装工件时应注意下列事项：

1）工件的被加工面应高出钳口，必要时可用垫铁垫高工件。

2）为防止铣削时工件松动，必须将比较平整的表面紧贴固定钳口和垫铁。工件与垫铁间不应有间隙，故需要一边夹紧，一边用锤子轻击工件上部。对于已加工表面可用木棒进行敲击。

3）为保护钳口和工件的已加工表面，应在钳口与工件之间放软金属片。

2. 回转工作台

回转工作台又称转台或圆形工作台，如图 7-13 所示。回转工作台内部有一套蜗杆传动机构。转动手轮，通过传动轴直接带动与转台相连接的蜗轮转动，从而使转台转动。转台外圆周刻有 360°等分线，可以用来观察和确定转台位置。转台中央有一个孔，利用它可以方便地确定工件的回转中心。回转工作台可方便地铣削圆柱表面上的圆弧槽以及需要分度的工件，回转工作台适于较大工件的分度和非整圆弧面的加工。铣圆弧槽时，工件安装在回转工作台上（见图 7-14），首先找正工件上的圆弧槽回转中心，使之与转台中心重合，然后夹紧，铣刀旋转后，用手均匀缓慢地摇动手轮即可铣出圆弧槽。

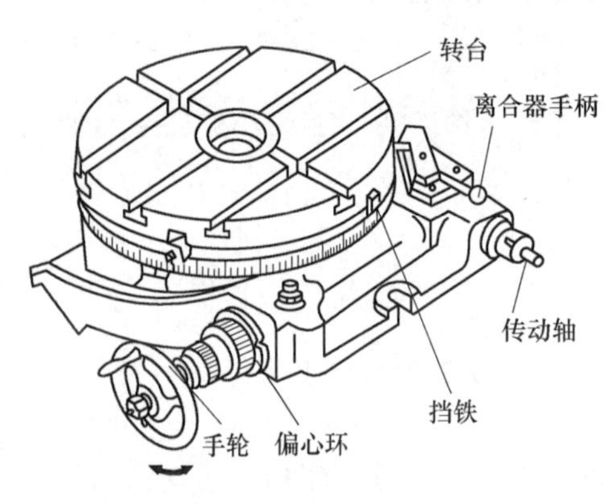

图 7-13　回转工作台

图 7-14　回转工作台上铣圆弧槽

3. 万能分度头及分度方法

万能分度头是铣床的重要附件，如图 7-15 所示。利用分度头可把工件的圆周做任意角度的分度，以便铣削四方、六方、齿槽及花键槽等工件。在铣完一个面或一个沟槽后，需要将工件转过一定角度，此过程称为“分度”。分度头主轴前端锥孔可安装顶尖，用来支承工件；主轴外部有螺纹可以安装卡盘来装夹工件。分度头转动体可使主轴在垂直平面内转动一定角度，以便铣削斜面或垂直面。

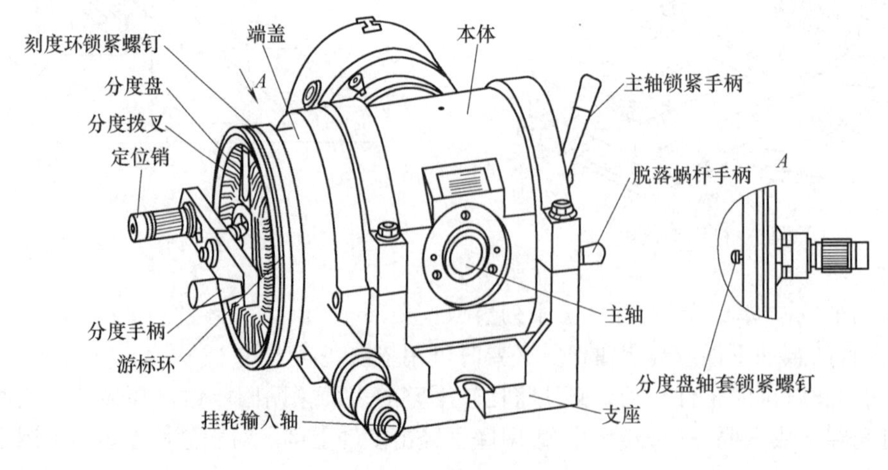

图 7-15　万能分度头

分度盘顶尖主轴转动体分度头侧面配有分度盘，在分度盘不同直径的圆周上钻出不同数目的等分孔，以便进行分度。分度头内部的传动系统如图 7-16a 所示。转动手柄，通过一对传动比为 1∶1 的直齿圆柱齿轮和一对传动比为 1∶40 的蜗轮蜗杆传动，使分度头主轴带动工件转动一定角度。手柄转一圈，主轴带动工件转 1/40 圈。如果要将工件的圆周等分为 Z 等份，则每次分度件应转过 $1/Z$ 圈。设每次分度手柄的转数为 n，则手柄转数与工件等分数 Z 之间有如下关系：$n=40/Z$。

例如，要铣齿数为 21 的齿轮，需对齿轮毛坯的圆周做 21 等分，每一次分度时，手柄转数为：$n=40/Z=40/21=1+19/21$。

分度时，如求出的手柄转数不是整数，可利用分度盘上的等分孔距来确定。分度盘如图 7-16b 所示，其正反面各钻有许多圈孔，各圈孔数均不相等，而同一孔圈上的孔距是相等的。常用的分度盘正面各圈孔数为 24、25、28、30、34、37，反面各圈孔数为 38、39、41、42、43。例如，要将手柄转动 40/21，先将分度手柄上的定位销拔出，调到孔数为 21 的倍数的孔圈（即孔数为 42）上，手柄转 1 整圈后，再继续转过 19×2＝38 个孔距，即完成第一次分度。为减少每次分度时数孔的麻烦，可调整分度盘上的扇形条 a、b 间的夹角，形成固定的孔间距数，在每次分度时只要拨动扇形条即可准确分度。

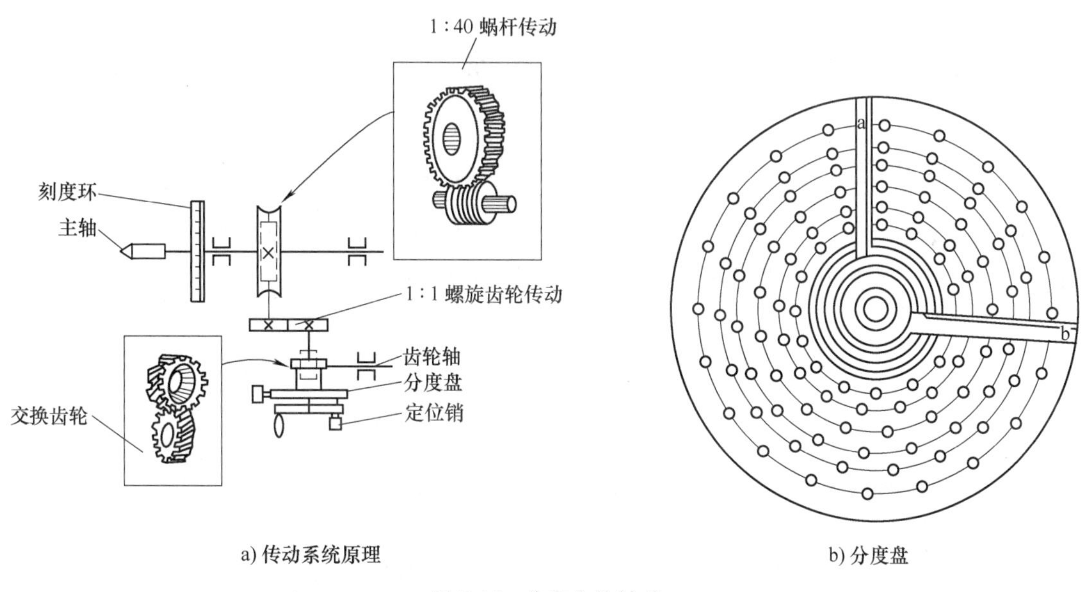

图 7-16　分度头的转动

7.4　工件的安装

工件在铣床上的安装方法主要有三大类：

1）用通用夹具装夹。前面介绍的机用平口钳、分度头和回转工作台都可以用于安装工件。

2）压板安装。当工件较大或形状特殊时，可以用压板、螺栓、垫铁和挡块把工件直接固定在工作台上进行铣削加工，如图 7-17 所示。

3）用专用夹具或组合夹具装夹。当生产批量较大时，可采用专用夹具或组合夹具安装工件，这样既能提高生产效率，又能保证加工质量，如图 7-18 所示。

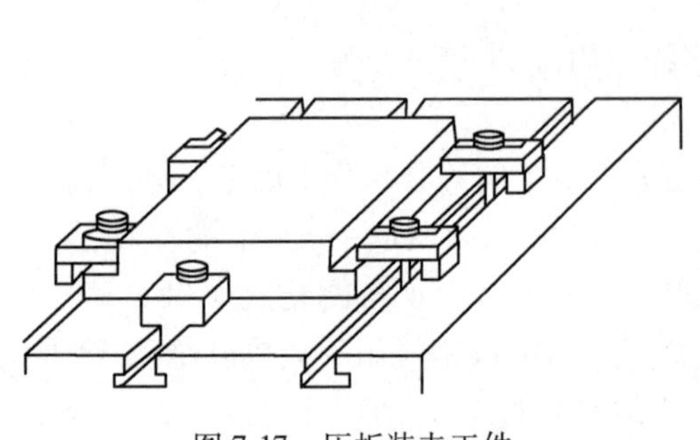

图 7-17　压板装夹工件

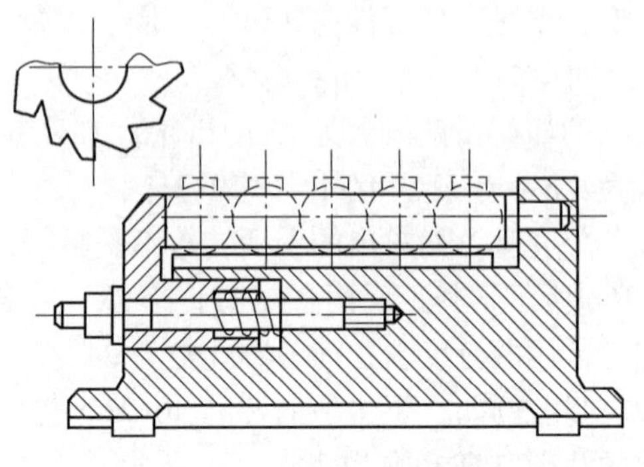

图 7-18　专用夹具装夹工件

7.5　铣削工艺

在用铣床加工工件之前，应根据零件的余量、精度、待加工表面的形状，正确选择铣削用量、铣削方式、铣削顺序和刀具夹具等。

7.5.1　铣削用量

铣削用量由铣削速度或主轴转速、进给量或每分钟进给量、每齿进给量、背吃刀量（又称铣削深度）、侧吃刀量（又称铣削宽度）四要素组成 。

1. 铣削速度 v_c

铣削速度（m/min）即铣刀最大直径处的线速度，可由下列公式计算

$$v_c = \frac{\pi n D}{1000}$$

式中，D 铣刀直径（mm）；n 为铣刀转速（r/min）。

2. 进给量

进给量即铣削时，工件在进给方向上相对于刀具的移动量。由于铣刀是多齿形的刀具，所以有以下三种度量方法：

1）每齿进给量，即铣刀转过一个齿向角工件在进给方向移动的距离。

2）每转进给量，即铣刀每转一转，工件在进给方向上的运动距离。

3）每分钟进给量，即每分钟工件与刀具在进给方向上的移动距离。

3. 背吃刀量 a_p

它是指平行于铣刀轴线方向测量的切削尺寸，如图 7-19 所示。

4. 侧吃刀量 a_c

它是指垂直于铣刀轴线方向测量的切削尺寸，如图 7-19 所示。

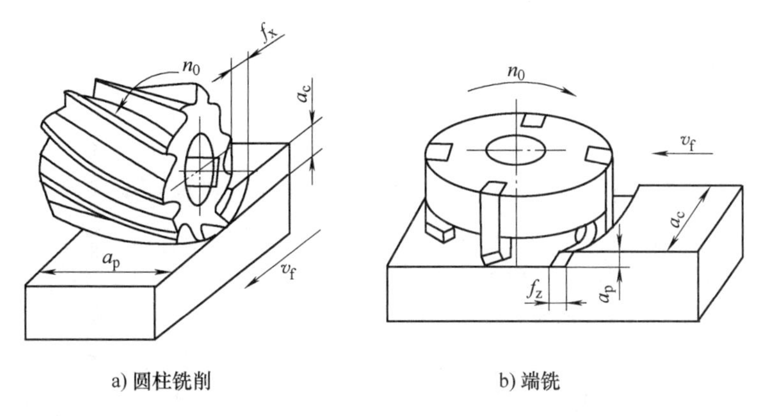

图 7-19　铣削用量

7.5.2　铣削方式

根据铣刀在切削时对工件作用力的方向与工件移动方向的不同，分为顺铣和逆铣。铣刀旋转方向与工件进给方向相同时的铣削称为顺铣如图 7-20a 所示；刀具旋转方向与工件进给方向相反时的铣削称为逆铣如图 7-20b 所示。

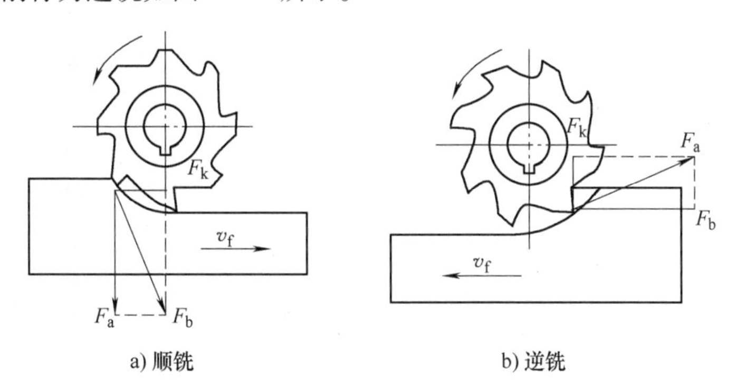

图 7-20　顺铣和逆铣

逆铣时，每个刀齿的切削层厚度从零增大到最大值。由于铣齿切削刃口处总有圆弧存在，而不是绝对尖锐的，所以在刀齿接工件的初期，不能切入工件，而是在工件表面上挤压滑行，使刀齿与工件之间的摩擦加大，加速刀具磨损，同时也使表面质量下降。顺铣时，每个刀齿的切削层厚度由大减小到零，从而避免了上述缺点。逆铣时铣削力上抬工件；顺铣时，铣削力将工件压向工作台，减少了工件振动的可能性，尤其铣削薄而长的工件时，更为有利。

由上述分析可知，从提高刀具寿命和工件表面质量、增加工件夹持的稳定性等观点出发，一般以采用顺铣法为宜。但是，顺铣时忽大忽小的水平分力与工件的进给方向是相同的，因 Z 作台进给丝杠与固定螺母之间一般都存在间隙，容易引起工件颤动，所以在铣床没有消除工作台丝杠与螺母之间间隙的情况下，仍多采用逆铣法。虽然顺铣的优点很多，但当铣床工作台丝杠的传动间隙没有消除时，是不能使用顺铣的。

7.6 典型表面的铣削

1. 铣平面

平面铣削加工是铣削中常见、基本的工作。平面铣削包括水平面、垂直面、斜面和台阶面等。

（1）铣水平面　水平面可以在卧式铣床上用圆柱平面铣刀加工，也可以在立式铣床上用面铣刀加工，如图 7-1a、b 所示。

（2）铣垂直面　较大的垂直面可在卧式铣床上用面铣刀加工，如图 7-21 所示；较小垂直面可用三面刃铣刀加工，或在立式铣床上用立铣刀加工。立铣刀加工范围广泛，还可进行各种内腔表面的加工，如图 7-22 所示。

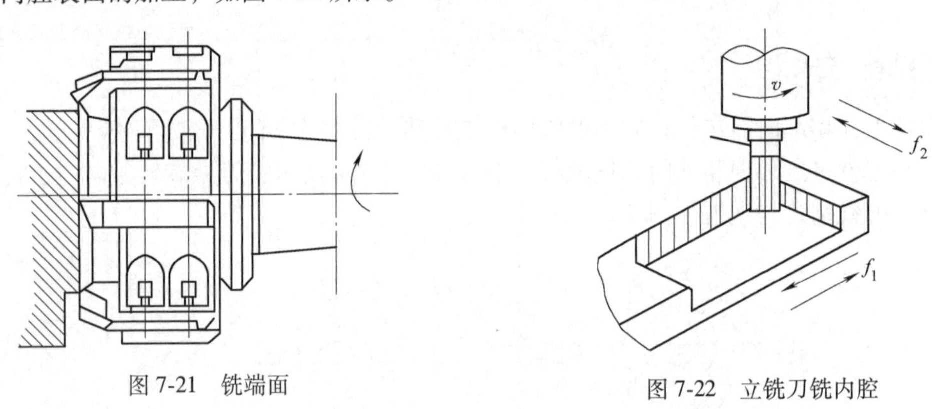

图 7-21　铣端面　　图 7-22　立铣刀铣内腔

（3）铣台阶面　利用三面刃铣刀可以在卧式铣床上进行台阶面的铣削，如图 7-23a 所示；也可以用大直径的立铣刀在立式铣床上铣削，如图 7-23b 所示：在成批量台阶面加工中，可利用组合铣刀同时铣削几个台阶面，从而提高加工效率，如图 7-23c 所示。

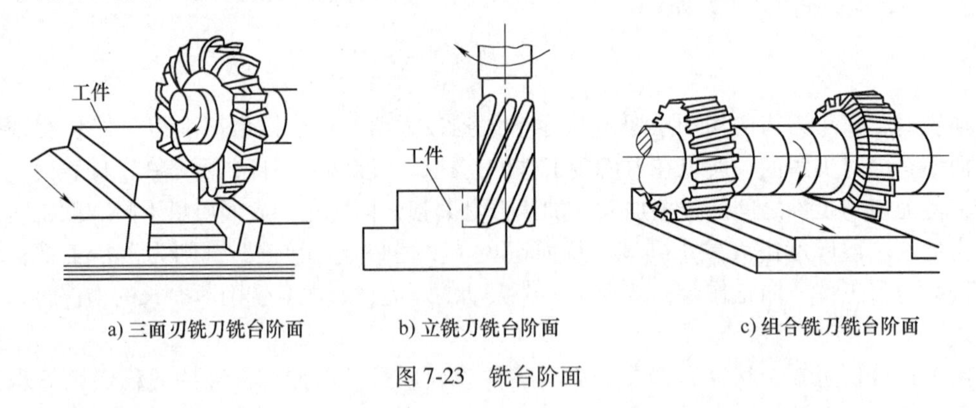

a) 三面刃铣刀铣台阶面　b) 立铣刀铣台阶面　c) 组合铣刀铣台阶面

图 7-23　铣台阶面

（4）铣斜面　斜面的铣削方法主要有以下几种：

1）把工件倾斜到所需角度。将工件需要加工的斜面进行划线，然后按划线在工作台机用平口钳上通过垫斜铁校平工件，夹紧后即可铣出斜面，如图 7-24a 所示；也可利用可回转的机用平口钳分度头等带动旋转一定角度后铣斜面，如图 7-24b 所示。

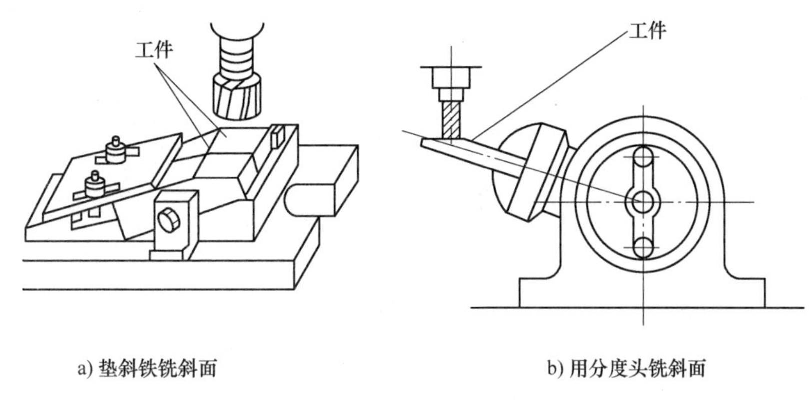

a) 垫斜铁铣斜面　　b) 用分度头铣斜面

图 7-24　工件倾斜铣斜面

2）把铣刀倾斜到所需的角度。调整立铣头，使铣刀的倾斜角度与工件斜面角度相同，即可铣削斜面，如图 7-25 所示。

3）用角度铣刀铣斜面。选择与工件斜面角度相同的铣刀，可对较小宽度的斜面进行铣削，如图 7-26 所示。

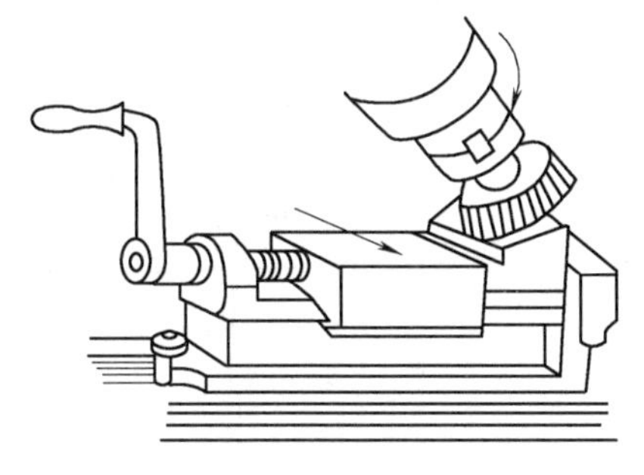

图 7-25　旋转立铣头铣平面

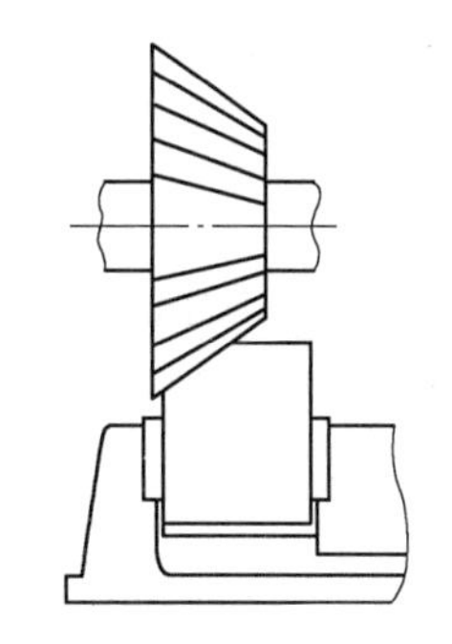

图 7-26　角度铣刀铣斜面

2. 铣沟槽

常见沟槽有键槽、圆弧槽、T 形槽、燕尾槽和螺旋槽等。

（1）铣键槽　常见的键槽有封闭式和敞开式两种：加工单件封闭式键槽时，一般在立式铣床上进行，用机用平口钳装夹工件，工件的装夹方法如图 7-27a 所示，但需找正。成批量加工封闭式键槽时，则在键槽铣床上进行，用抱紧钳装夹工件，工件的装夹方法如图 7-27b 所示。加工敞开式键槽可以利用三面刃铣刀在卧式铣床上铣削，如图 7-27c 所示。

（2）铣圆弧槽　圆弧槽可用立铣刀在立式铣床上进行铣削，工件用压板螺栓直接装在回转工作台上，或用自定心卡盘安装在回转工作台上。装夹工件时，工件上圆弧槽的中心必须与回转工作台的中心重合，摇动回转工作台手轮，带动工件做圆周运动，即可铣出圆弧槽，如图 7-14 所示。

（3）铣 T 形槽和燕尾槽　铣 T 形槽与燕尾槽的基本步骤类似，分两步进行，即先用立铣刀或三面刃铣刀铣出直槽，然后在立式铣床上用 T 形槽铣刀或燕尾槽铣刀最终加工成形，如图 7-28 所示。

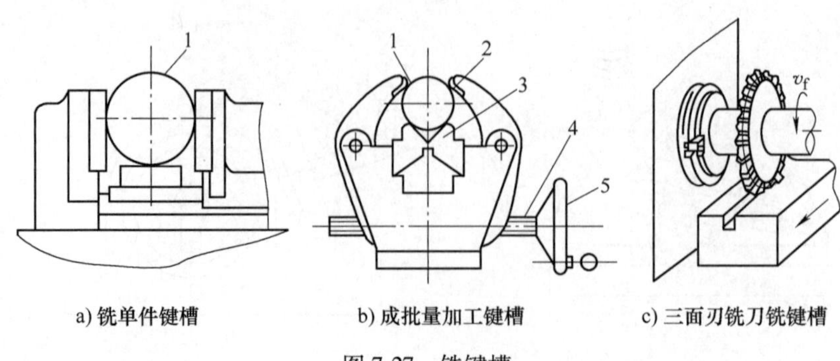

a) 铣单件键槽　　b) 成批量加工键槽　　c) 三面刃铣刀铣键槽

图 7-27　铣键槽

1—工件　2—夹紧爪　3—V 形定位块　4—右左旋丝杠　5—压紧手轮

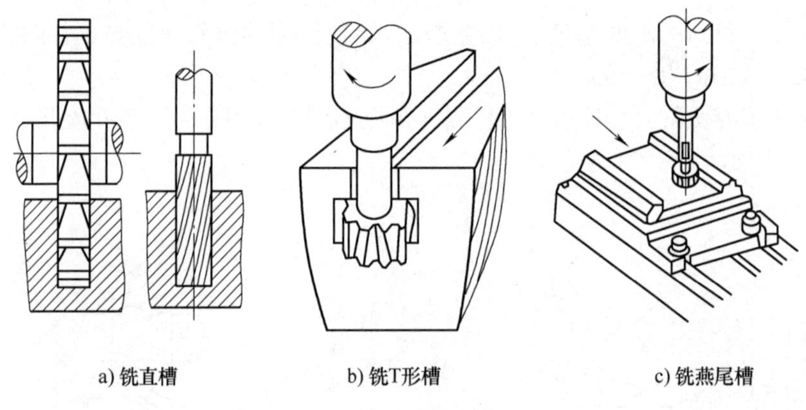

a) 铣直槽　　b) 铣T形槽　　c) 铣燕尾槽

图 7-28　铣 T 形槽和燕尾槽

第8章 特 种 加 工

8.1 概述

8.1.1 特种加工的产生和发展

自20世纪40年代以来，由于材料科学、高新技术的发展和激烈的市场竞争，以及发展尖端国防及科学研究的急需，新产品更新换代速度加快，并朝着高速度、高精度、高可靠性、耐腐蚀、高温高压、大功率、尺寸大小两极分化的方向发展。为此，各种新材料、新结构、形状复杂的精密机械零件大量涌现，对机械制造业提出了一系列迫切需要解决的问题。

1）各种难切削材料的加工问题，如硬质合金、钛合金、耐热钢、不锈钢、金刚石、宝石、石英以及锗、硅等各种高硬度、高强度、高韧性、高脆性的金属及非金属材料的加工。

2）各种特殊复杂表面的加工问题，如喷气涡轮机叶片、整体涡轮、发动机机匣和锻压模、注射模的立体成形表面，炮管内膛线、喷油器、栅网、喷丝头上的小孔、窄缝等的加工。

3）各种超精、光整或具有特殊要求的零件的加工问题，如对表面质量和精度要求很高的航天航空陀螺仪、伺服阀，以及细长轴、薄壁零件、弹性元件等低刚度零件的加工。

要解决上述一系列工艺问题，仅仅依靠传统的切削加工方法很难实现，甚至根本无法实现，人们相继探索研究新的加工方法，特种加工就是在这种前提条件下产生和发展起来的。但是，特种加工之所以能产生和发展，在于它具有常规切削加工所不具有的本质和特点。

常规切削加工的本质和特点：一是靠刀具材料比工件更硬，二是靠机械能把工件上多余的材料切除。一般情况下这是行之有效的方法，但是，当工件材料越来越硬、零件结构越来越复杂的情况下，原来行之有效的方法成为限制生产效率和影响加工质量的不利因素。特种加工与常规切削加工的不同之处在于：它是直接利用电能、光能、声能、磁能、热能、化学能等一种能量或几种能量的复合形式进行加工的方法。其主要具有如下特点：

1）主要借助于其他能量（如电、光、声、化学等）来去除材料。

2）工具的硬度可以低于被加工材料的硬度。

3）在加工过程中，工具与工件间不存在明显的机械切削力。

8.1.2 特种加工的分类与比较

特种加工按能量来源以及加工原理进行分类，见表8-1。

其中，离子束加工是利用加速、聚焦而成的等离子束撞击材料表面进行的加工，其特点是加工的精度非常高，污染少，加工应力、热变形等极小，但加工效率低。激光加工是利用高功率的激光束照射工件，使材料熔化、升华进行穿孔、切割和焊接等特种加工。

表 8-1　常用特种加工方法的分类

加工方法	能量来源	加工原理	英文缩写
电火花加工	电、热能	升华、熔化	EDM
电火花线切割加工	电、热能	升华、熔化	WEDM
电子束加工	电、热能	升华、熔化	EBM
等离子加工	电、热能	升华、熔化	PAM
电解加工	电、化学能	金属阳极溶解	ECM
电解磨削	电、化学能、机械能	阳极溶解磨削	EGM
超声加工	声、机械能	磨料高频撞击	USM
激光加工	光、热能	熔化、升华	LBM
离子束加工	电能、动能	原子撞击	IM
化学腐蚀加工	化学能	腐蚀	CHM

8.2　电火花加工技术

电火花加工（Electrical Discharge Machining，EDM）是在一定的液体介质中，通过工件电极和工具电极相互靠近时脉冲放电产生的电蚀作用来蚀除导电材料，从而改变材料的形状和尺寸的加工工艺。

8.2.1　电火花加工的基本原理、特点与加工范围

1. 电火花加工的基本原理

在绝缘性工作液中，工具和工件接至脉冲电源正负极之间，并始终保持很小的放电间隙（通常为几微米至几百微米），如图 8-1 所示。在脉冲电压作用下，在某一最小间隙处或绝缘强度最弱处被瞬时击穿，产生瞬时高温，使表面金属局部熔化甚至升华而被蚀除，形成电蚀凹坑。第一次脉冲放电结束后，经过一段间隔时间，使工作液恢复绝缘后，第二个脉冲电压又加到两极上，又会在极间距离相对最近时电蚀出一个小凹坑。如此周而复始高频率地循环下去，工具电极不断地向工件进给，就可以将工具的形状复制在工件上，加工出所需要的零件，整个加工表面将由无数个小凹坑所组成。

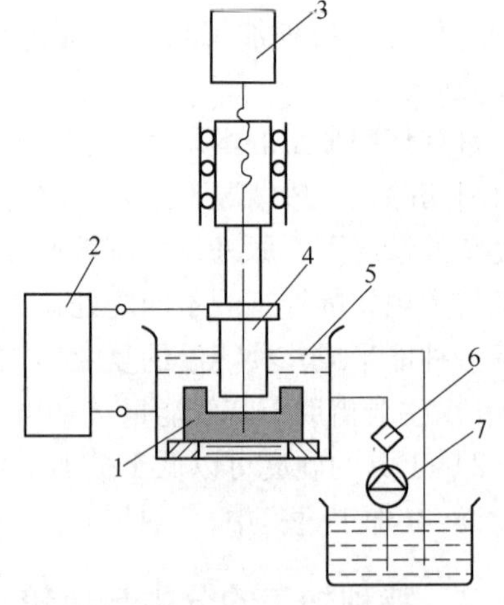

图 8-1　电火花加工原理
1—工件　2—脉冲电源
3—自动进给调节系统　4—工具
5—工作液　6—过滤器　7—工作液泵

电火花加工是大量的微小放电痕迹逐渐累积而成的去除金属的加工方式，如图 8-2 所示。

2. 电火花加工主要特点

电火花加工的主要特点有：①电火花加工是一种腐蚀作用，对电极与工件材料的相对硬度没有特别的要求，工具电极的材料硬度可以比工

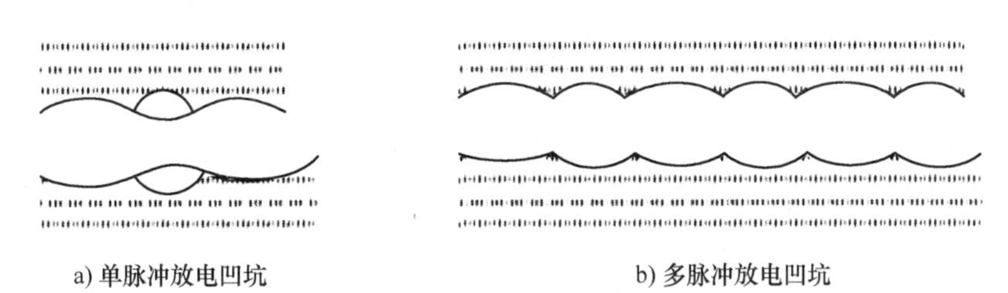

图 8-2 电火花加工表面局部放大

件材料的硬度低；②电火花加工没有机械力作用，工件加完后不会产生变形；③可连续进行粗加工、半精加工和精加工；④易于实现控制和自动化；⑤工具电极的制造有一定难度；⑥只适用于导电材料的工件；⑦电火花加工效率较低。

3. 电火花加工范围

电火花加工的范围是：①各种形状复杂的型腔和型孔；②常作为模具工件淬火后的精加工工序；③可以作为模具工件的表面强化手段；④可以进行电火花磨削；⑤可以刻字和刻制图案。

8.2.2 电火花加工机床

1. 机床组成

电火花加工机床的外形如图 8-3 所示，由机床本体、脉冲电源、伺服系统、工作液循环过滤系统和软件操作系统等组成。

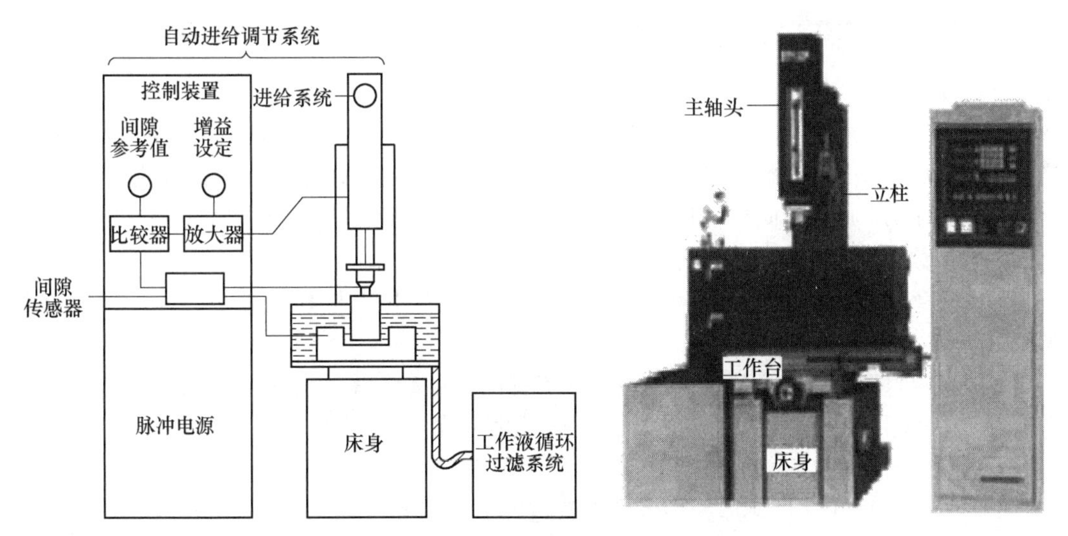

图 8-3 电火花加工机床

（1）机床本体 机床本体主要由床身、立柱、主轴头及附件、工作台等部分组成，是用以实现工件电极和工具电极的装夹固定和运动的机械系统。床身、支柱、坐标工作台是电火花机床的骨架，起着支撑、定位和便于操作的作用。因为电火花加工宏观作用力极小，所以对机械系统的强度无严格要求，但为了避免变形和保证精度，要求具有必要的刚度。主轴头下装夹的电极是自动调节系统的执行机构，其质量的好坏将影响到进给系统的灵敏度及加工过程的稳定性，进而影响工件的加工精度。

（2）脉冲电源　在电火花加工过程中，脉冲电源的作用是把 50Hz 工频正弦交流电流转变成频率较高的单向脉冲电流，向工件电极和工具电极间的加工间隙提供所需要的放电能量以蚀除金属。脉冲电源的性能直接关系到电火花加工的加工速度、表面质量、加工精度、工具电极损耗等工艺指标。

（3）伺服系统　其主要作用是控制 X、Y、Z 三轴的伺服运动。

（4）工作液循环过滤系统　工作液循环过滤系统是由工作液、工作液箱、工作液泵、滤芯和导管组成。工作液起绝缘、排屑、冷却和改善加工质量的作用。每次脉冲放电后，工件电极和工具电极之间必须迅速恢复绝缘状态，否则脉冲放电就会转变为持续的电弧放电，影响加工质量。在加工过程中，工作液可把加工过程中产生的金属屑末迅速从电极之间冲走，使加工顺利进行。工作液还可冷却受热的电极和工件，防止工件变形。

（5）软件操作系统　软件操作系统可以将工具电极和工件电极的各种参数输入并生成程序，可以动态观察加工过程中加工深度的变化情况，还可进行手动操作加工等。

2. 工具电极

工具电极材料应具备的性能：

1）良好的电火花加工工艺性能，即熔点高、沸点高、导电性好、导热性好、机械强度高等。

2）制作工艺性好，易于加工达到要求的精度和表面质量。

3）来源丰富，价格便宜。

8.2.3　电火花加工工艺与加工基本规律

1. 极性效应

在电火花成形加工中，工件材料在逐渐蚀除的同时，工具电极材料也在被蚀除。但是，即使正负两极使用同一材料，二者的蚀除量也是不同的，这种现象称为极性效应。若工件与电源的阳极相接，则称为阳极性加工；若工件与电源的阴极相接，则称为阴极性加工。

2. 电参数的影响

（1）脉冲宽度　当其他参数不变时，增大脉宽，工具电极损耗减少，生产效率提高，加工稳定。

（2）脉冲间隙　脉冲间隙减小，放电频率提高，生产效率相应提高。

（3）脉冲能量　在正常情况下，蚀除速度与脉冲能量成正比。

3. 影响电火花加工精度的主要因素

（1）加工斜度　加工斜度主要与二次放电的次数及单个脉冲能量有关。次数越多，能量越大，则加工斜度就越大。而二次放电的次数主要与排屑条件、排屑方向及加工余量有关。

（2）工具电极的精度及损耗　由于电火花加工属于仿形加工，工具电极的加工缺陷会直接复印在工件上，因此，工具电极的制造精度对工件的加工精度会造成直接影响。

（3）电极和工件的装夹及定位　装夹、定位的精度和校正的准确度都会直接影响工件的加工精度。

（4）机床的热变形　电火花加工产生的加工热是很高的，使得机床主轴轴线产生偏差，从而影响工件的加工精度。

8.2.4 电火花加工应用实例

图8-4a所示注射模镶块，材料为40Cr，硬度为38～40HRC，加工表面粗糙度值为$Ra0.8\mu m$，要求型腔侧面棱角清晰，圆角半径$R<0.25mm$。

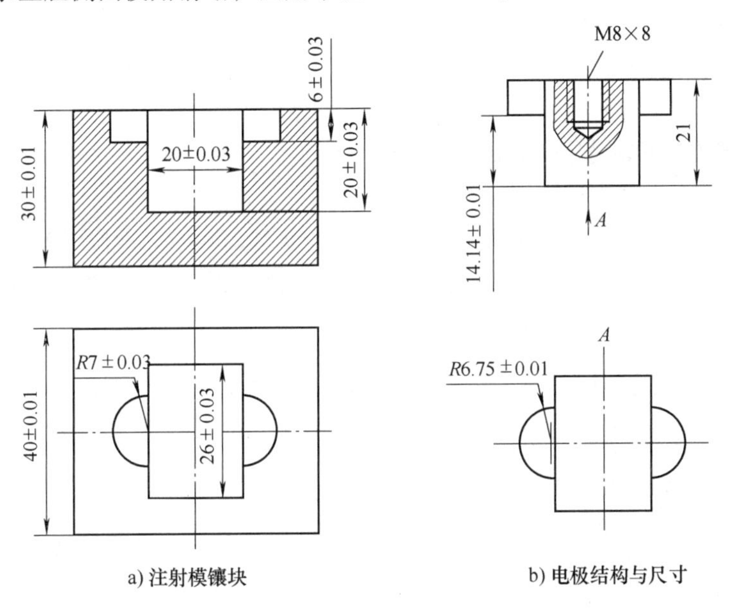

图8-4 注射模镶块的加工

（1）方法选择 选用单电极平动法进行电火花成形加工，为保证侧面棱角清晰（$R<0.3mm$），其平动量应小，取$\delta\leqslant0.25mm$。

（2）工具电极

1）电极材料选用锻造过的纯铜，以保证电极加工质量以及加工表面粗糙度。

2）电极结构与尺寸，如图8-4b所示。

①电极水平尺寸单边缩放量取$b=0.25mm$，根据相关计算式可知，平动量$\delta=0.25mm$。

②由于电极尺寸缩放量较小，用于基本成形的粗加工标准参数不宜太大。根据工艺数据库所存资料（或经验）可知，实际使用的粗加工参数会产生1%的电极损耗。因此，对应的型腔主体20mm深度与R7mm搭子的型腔6mm深度的电极长度之差不是14mm，而是$(20-6)mm\times(1+1\%)=14.14mm$。尽管精修时也有损耗，但由于两部分精修量一样，故不会影响二者深度之差。图8-4b所示为电极结构，其总长度无严格要求。

3）电极制造。电极可以用机械加工的方法制造，但因有两个半圆的搭子，一般都用线切割加工完成，主要工序如下：①备料；②刨削上下面；③画线；④加工M8×8的螺孔；⑤按水平尺寸用线切割加工；⑥按图8-4b所示方向前后转动90°，用线切割加工两个半圆及主体部分长度；⑦钳工修整。

4）镶块坯料的加工。即：①按尺寸需要备料。②刨削六面体。③热处理（调质）达38～40HRC。④磨削镶块六个面。

5）电极与镶块的装夹与定位。

①用 M8 的螺钉固定电极，并装夹在主轴头的夹具上。用千分表（或百分表）以电极上端面和侧面为基准，校正电极与工件表面的垂直度，并使其 X、Y 轴与工作台 X、Y 移动方向一致。

②镶块一般用机用平口钳夹紧，并校正其 X、Y 轴，使其与工作台 X、Y 移动方向一致。

③定位，即保证电极与镶块的中心线完全重合。用数控电火花成形机床加工时，可利用机床自动找中心功能准确定位。

6）电火花成形加工。

8.3 数控电火花线切割加工技术

电火花线切割加工（Wire-cut Electrical Discharge Machining，WEDM）是在电火花加工的基础上发展起来的一种新工艺，因用线状电极（钼丝或铜丝）靠火花放电对工件进行切割，故称电火花线切割。

8.3.1 数控电火花线切割加工的基本原理、特点与加工范围

1. 数控电火花线切割加工的基本原理

数控电火花线切割加工的基本原理，如图 8-5 所示。它利用移动金属丝（钼丝、铜丝）与工件构成的两个电极之间进行脉冲火花放电时产生的电腐蚀效应来对工件进行加工，以达到成形的目的。在加工过程中，被加工的工件作为工件电极，钼丝或铜丝作为工具电极。脉冲电源发出一连串的脉冲电压，加到工件和钼丝上。钼丝与工件之间有足够的具有一定绝缘性的工作液。当钼丝与工件之间的距离小到一定程度时（大约为 0.01mm），在脉冲电压的作用下，工作液被电离击穿，在钼丝与工件之间形成瞬时的放电通道，产生瞬时高温，使金属局部熔化甚至升华而被蚀除下来。若工作台带动工件不断进给，就能切割出所需的形状。

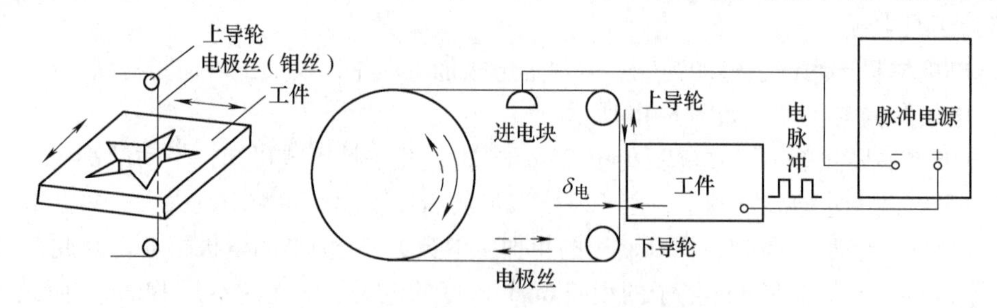

图 8-5　数控电火花线切割加工基本原理

2. 数控电火花线切割加工的主要特点

1）由于电极工具是直径较小的细丝，故脉冲宽度、平均电流等不能太大，加工工艺参数的选择范围较小。

2）采用水或水基工作液，不会引燃起火，容易实现无人安全运行。

3）电极丝通常比较细，可以加工窄缝及形状复杂的工件。由于切缝窄，金属的实际去除量很少，材料的利用率高，尤其在加工贵重金属时，可节省费用。

4）无须制造成形工具电极，大大降低了成形工具电极的设计和制造费用，可缩短生产

周期。

5）自动化程度高，操作方便，加工周期短，成本低。

3. 数控电火花线切割加工的应用范围

1）模具加工。适用于加工各种形状的冲模。调整不同的间隙补偿量，只需一次编程就可以切割凸模、凸模固定板、凹模及卸料板等。

2）新产品试制。在新产品试制过程中，利用数控电火花线切割加工可直接切割出零件，不需要另行制作模具，可大大降低制作成本和周期。

3）加工特殊材料。对于某些高硬度、高熔点的金属材料，用传统的切割加工方法几乎是不可能完成的，采用数控电火花线切割加工既经济、质量又好。

8.3.2　数控电火花线切割加工设备

1. 线切割加工机床型号及技术参数

我国机床型号的编制是按照 GB/T 15375—2008《金属切削机床　型号编制方法》的规定进行的，机床型号由汉语拼音字母和阿拉伯数字组成。

例如，机床型号 DK7735 的含义如下：

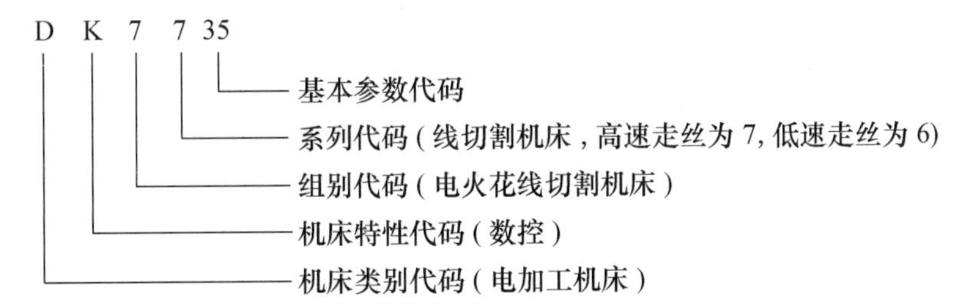

电火花线切割加工机床的主要技术参数包括：工作台行程（纵向行程×横向行程）、最大切割厚度、加工表面粗糙度、切割速度以及数控系统的控制功能等。DK77 系列电火花线切割加工机床的主要型号和技术参数，见表 8-2。

表 8-2　DK77 系列机床的主要型号和技术参数（参考）

机床型号	DK7725	DK7732	DK7735	DK7740	DK7745	DK7750
工作台	330mm×520mm	360mm×600mm	410mm×650mm	460mm×680mm	520mm×750mm	570mm×910mm
	250mm×320mm	320mm×400mm	350mm×250mm	400mm×500mm	450mm×550mm	500mm×630mm
最大切割厚度/mm	400	500	500	500	500	600
加工承载质量/kg	250	350	400	450	600	800
主机质量/kg	1000	1100	1200	1400	1700	2200
主机外形尺寸	1400mm×920mm×1350mm	1500mm×1200mm×1400mm	1600mm×1300mm×1400mm	1700mm×1400mm×1400mm	1750mm×1500mm×1400mm	2100mm×1700mm×1740mm
表面粗糙度/μm	2.5					
加工锥度	3°~60°					

2. 机床基本结构

电火花线切割加工机床的结构示意图如图 8-6 所示，由机床本体、脉冲电源、数控装置、工作液循环系统等组成。

（1）机床本体　机床本体由床身、运丝机构、工作台和丝架等组成。

1）床身。用于支撑和连接工作台、运丝机构等部件，内部安放机床电器和工作液循环系统。

2）运丝机构。电动机联轴器带动储丝筒交替做正、反向转动，钼丝整齐地排列在储丝筒上，并经过丝架导轮做往返高速移动（线速度为9m/s左右）。

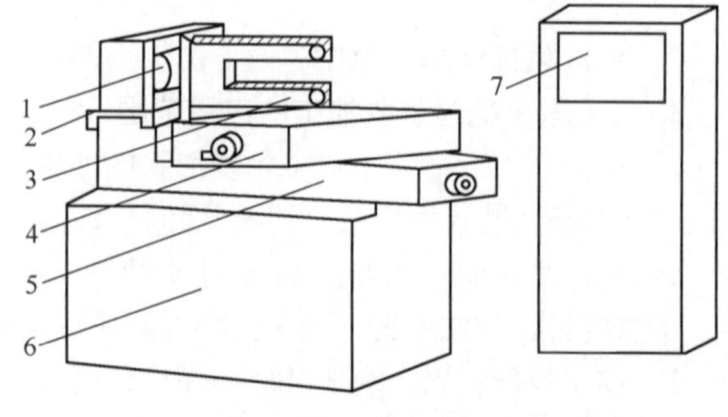

图8-6　电火花线切割加工机床的结构

1—储丝筒　2—走丝溜板　3—丝架　4—上工作台　5—下工作台　6—床身　7—脉冲电源与数控装置

3）工作台。用于安装并带动工件在水平面内做X、Y两个方向的移动。工作台分上下两层，分别与X、Y向丝杠连接，由两个步进电动机分别驱动。步进电动机每接收到计算机发出的一个脉冲信号，其输出轴就旋转一个步距角，再通过一对变速齿轮带动丝杠转动，从而使工作台在相应的方向上移动0.001mm。

4）丝架。丝架的主要作用是在电极丝按定线速度运动时，对电极丝起支撑作用，并使电极丝工作部分与工作台平面保持一定的几何角度。

（2）脉冲电源　脉中电源又称高频电源，其主要作用是把普通的50Hz交流电转为高频率的单向脉冲电压。加工时，电极丝接脉冲电源负极，工件接正极。

（3）数控装置　数控装置的主要功用是轨迹控制和加工控制。加工控制包括进给控制、短路回退、间隙补偿、图形缩放、旋转和平移、适应控制、自动找中心、信息显示、自诊断功能等。其控制精度为±0.001mm，加工精度为±0.01mm。

（4）工作液循环系统　由工作液、工作液箱、工作液泵和循环导管组成。工作液起绝缘、排屑、冷却的作用。每次脉冲放电后，工件与电极丝（钼丝）之间必须迅速恢复绝缘状态，否则脉冲放电就会转变为稳定持续的电弧放电，影响加工质量。在加工过程中，工作液可把加工过程中产生的金属微颗粒迅速从电极之间冲走，使加工顺利进行。工作液还可以冷却受热的电极丝和工件，防止工件变形。

8.3.3　数控电火花线切割加工工艺规律

数控电火花线切割加工的主要工艺指标有切割速度、加工精度、表面粗糙度等。

（1）切割速度　切割速度是指在保证一定的表面粗糙度的切割过程中，单位时间内电极丝中心线在工件上切过的面积的总和，单位为mm^2/min。最高切割速度是指在不计切割方向和表面粗糙度等条件下，所能达到的最大切割速度。通常快走丝线切割加工的切割速度为$40\sim80mm^2/min$，它与加工电流大小有关。为了在不同脉冲电源、不同加工电流下比较切割效果，将每安培电流的切割速度称为切割效率，一般切割效率为$20mm^2/(min\cdot A)$。

（2）加工精度　加工精度是指所加工工件的尺寸精度、形状精度和位置精度的总称。加工精度是一项综合指标，它包括切割轨迹的控制精度、机械传动精度、工件装夹定位精度，以及脉冲电源参数的波动、电极丝的直径误差、损耗与抖动、工作液脏污程度的变化、加工操作者的熟练程度等对加工精度的影响。

（3）表面粗糙度　在我国表面粗糙度常用轮廓算术平均偏差 Ra(μm) 来表示，在日本常用 R_{max}来表示。高走丝线切割的表面粗糙度可达 Ra5.0～2.5μm，最佳可达 Ra1.0μm 左右；低走丝线切割的表面粗糙度一般可达 Ra1.25μm，最佳可达 Ra0.2μm。

8.3.4 数控电火花线切割加工编程

数控电火花线切割加工机床的控制系统是根据人的“命令”控制机床进行加工的，所以必须先将要进行加工的图形，用线切割控制系统所能接受的“语言”“编写”好命令。编程方法分手工编程与计算机辅助编程。手工编程是线切割工作者的一项基本功，它能使你比较清楚地了解编程所要的各种计算和编程的原理与过程。但由于手工编程的计算工作比较烦琐、费时间，因此，今年来随着计算机的飞速发展，线切割编程大都采用计算机辅助编程，大大减轻了编程的劳动强度，并大幅地减少了编程所要的时间。

1. 手工编程

线切割程序格式有 3B、4B、ISO 等，使用最多的是 3B 格式。为了与国际接轨，目前有的厂家也使用 ISO 代码。3B 程序格式见表 8-3。

表 8-3　3B 程序格式

B	X	B	Y	B	J	G	Z
间隔符	X 坐标轴	间隔符	Y 坐标轴	间隔符	计数长度	计数方向	加工指令

1）坐标系和坐标值 X、Y 的确定。平面坐标系是这样规定的：面对机床操作平台，工作台平面为坐标平面，左右方向为 X 轴且右方为正，前后方向为 Y 轴且前方为正。坐标系的原点规定为：加工直线时，以该直线的起点作为坐标系的原点，X、Y 取该直线终点的坐标值的绝对值；加工圆弧时，以该圆弧的圆心作为坐标系的原点，X、Y 取该圆弧起点的坐标值的绝对值。坐标值的单位均为微米（μm）。编程时采用相对坐标系，即坐标系的原点随程序段的不同而变化。

2）计数方向 G 的确定。无论加工直线还是圆弧，计数方向均按终点的位置来确定，具体确定原则为：选取 X 方向进给总长度进行计数，称为计 X，用 G_x 表示；选取 Y 方向进给总长度进行计数，称为计 Y，用 G_y 表示。即：

①加工直线可按图 8-7 选取：$|Y_e|>|X_e|$ 时，取 G_y；$|X_e|>|Y_e|$ 时，取 G_x；$|X_e|=|Y_e|$ 时，取 G_x 或 G_y 均可。

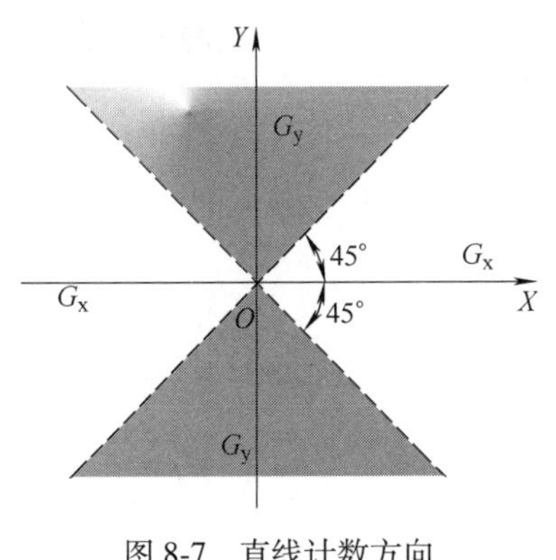

图 8-7　直线计数方向

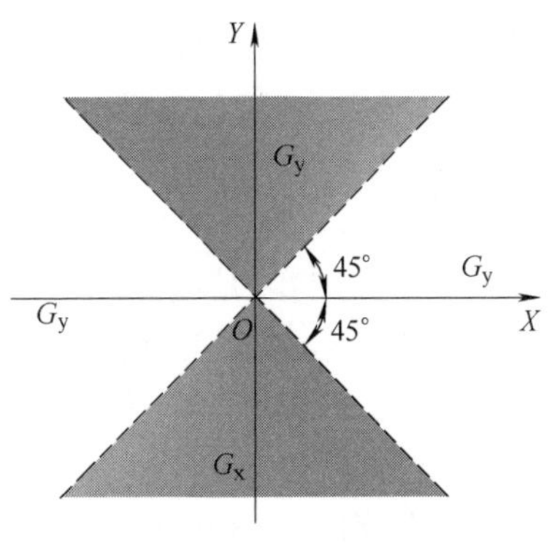

图 8-8　圆弧计数方向

②对于圆弧，当圆弧终点坐标在图 8-8 所示的各个区域时：$|X_e|>|Y_e|$ 时，取 G_y；$|Y_e|>|X_e|$ 时，取 G_x；$|X_e|=|Y_e|$ 时，取 G_x 或 G_y 均可。

3）计数长度 J 的确定。计数长度是在计数方向的基础上确定的，是被加工的直线或圆弧在计数方向的坐标轴上投影的绝对值的总和，单位为微米（μm）。

【例 1】 加工如图 8-9 所示的斜线 OA，其终点为 $A(X_e, Y_e)$，且 $Y_e>X_e$，试确定 G 和 J。

解： 因为 $|Y_e|>|X_e|$，斜线 OA 在与 X 轴夹角大于 45° 的斜线上，计数方向取 G_y，斜线 OA 在 Y 轴上的投影长度为 Y_e，故 $J=Y_e$。

【例 2】 加工如图 8-10 所示圆弧 AB，加工起点在第四象限，终点 $B(X_e, Y_e)$ 在第一象限，试确定 G 和 J。

解： 因为加工终点靠近 Y 轴，$|Y_e|>|X_e|$，计数方向取 G_x，计数长度为各象限中的圆弧段在 X 轴上投影长度的总和，即 $J=J_{x1}+J_{x2}$。

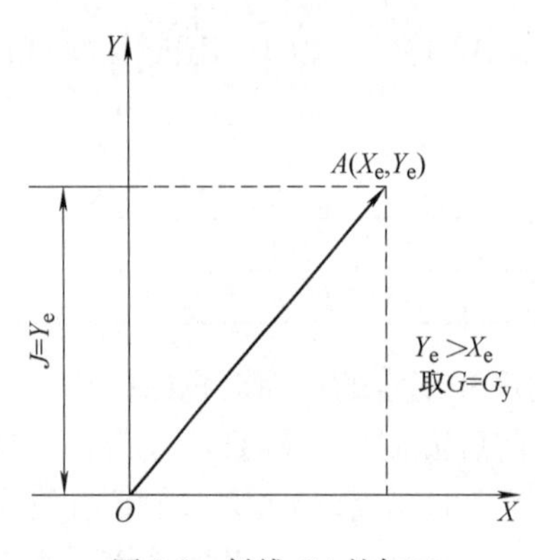

图 8-9 斜线 OA 的加工

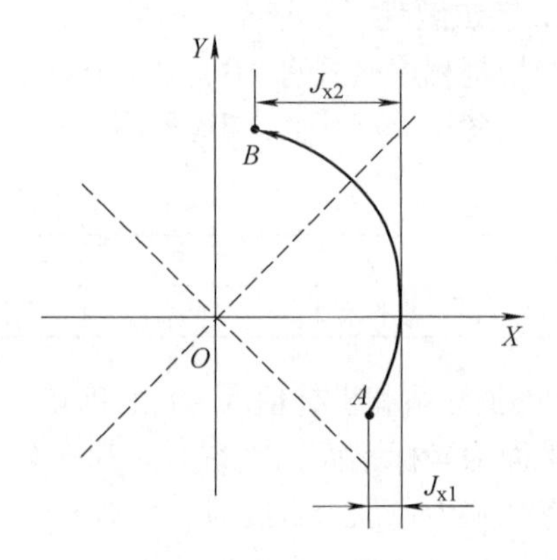

图 8-10 圆弧 AB 的加工

4）加工指令 Z。加工指令 Z 是用来表达被加工图形的形状、所在象限和加工方向等信息的。控制系统根据这些指令，正确选择偏差公式，进行偏差计算，控制工作台的进给方向，从而实现机床的自动化加工。加工指令共 12 种，如图 8-11 所示。

位于四个象限中的直线段称为斜线。加工斜线的加工指令分别用 L_1、L_2、L_3、L_4 表示，如图 8-11a 所示。与坐标轴相重合的直线，根据进给方向，加工指令可按图 8-11b 选取。

加工圆弧时，若被加工圆弧的加工起点分别在坐标系的四个象限中，并按顺时针插补，如图 8-11c 所示，加工指令分别用 SR_1、SR_2、SR_3、SR_4 表示；按逆时针方向插补时，分别用

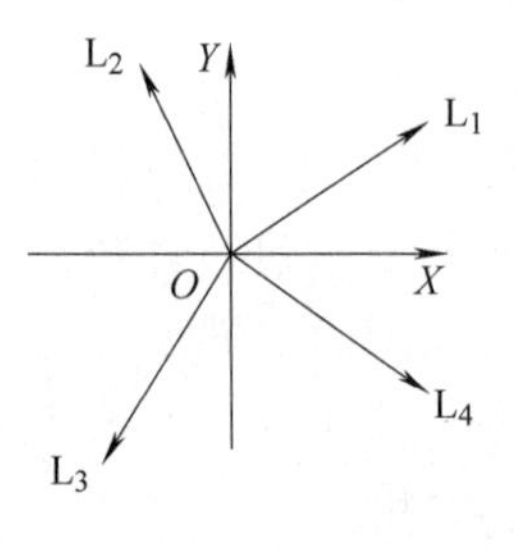

a) 直线加工指令

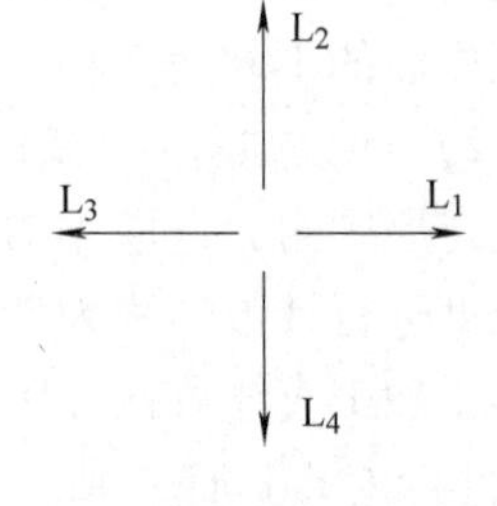

b) 坐标轴上直线加工指令

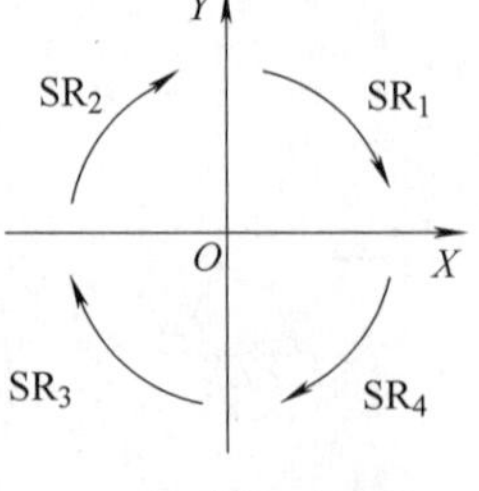

c) 顺时针圆弧指令

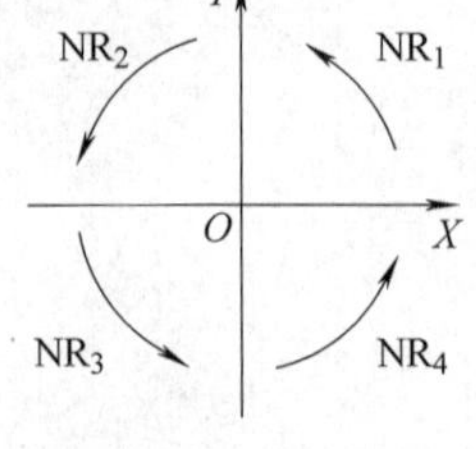

d) 逆时针圆弧指令

图 8-11 加工指令

NR_1、NR_2、NR_3、NR_4 表示，如图 8-11d 所示 。如加工起点刚好在坐标轴上，其指令可选相邻两象限中的任何一个。

5）3B 代码编程示例。用线切割加工图 8-12 所示的毛坯零件。对刀位置必须设在毛坯之外，以图中 *G* 点坐标（-20，-10）作为起刀点，*A* 点坐标（-10，-10）作为起割点。为了便于计算，编程时不考虑钼丝半径补偿值。即：

①确定加工起始点为 *G* 点，加工路线为 *G*—*A*—*B*—*C*—*D*—*E*—*F*—*A*—*G*。

②计算坐标值，按照坐标系和坐标值的规定，分别计算各程序段的坐标值。

③填写程序单，按程序标准格式逐段填写。

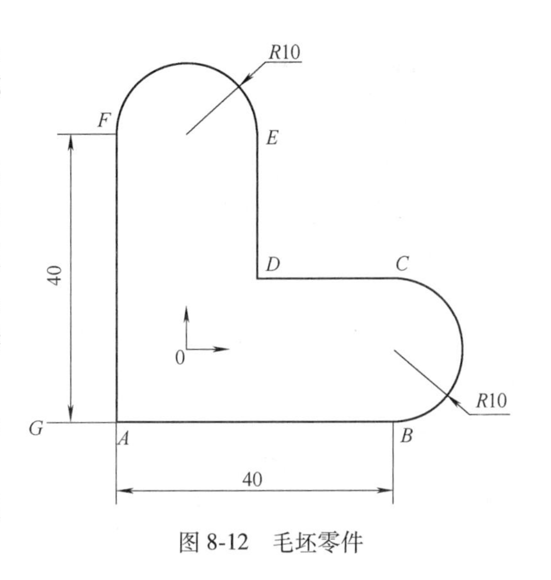

图 8-12 毛坯零件

程序	注解
B10000B0B10000GXL1	从 *G* 点走到 *A* 点，*A* 点为起割点；
B40000B0B40000GXL1	从 *A* 点到 *B* 点；
B0B10000B20000GXNR4	从 *B* 点到 *C* 点；
B20000B0B20000GXL3	从 *C* 点到 *D* 点；
B0B20000B20000GYL2	从 *D* 点到 *E* 点；
B10000B0B20000GYNR4	从 *E* 点到 *F* 点；
B0B40000B40000GYL4	从 *F* 点到 *A* 点；
B10000B0B10000GXL3	从 *A* 点回到起刀点 *G*。

2. 计算机辅助编程

由于计算机技术的飞速发展，新近出产的数控线切割加工机床很多都有计算机辅助编程系统。

CAXA 线切割是一个面向线切割机床数控编程的软件系统，在我国线切割加工领域有广泛的应用。它可以为各种线切割机床提供快速、高效率、高品质的数控编程代码，极大地简化数控编程人员的工作。CAXA 线切割可以快速、准确地完成在传统编程方式下很难完成的工作，可使操作者以交互方式绘制需切割的图形，生成带有复杂形状轮廓的两轴线切割加工轨迹。CAXA 线切割支持快走丝线切割机床，可输出 3B、4B 及 ISO 格式的线切割加工程序。其自动化编程的过程一般是：利用 CAXA 线切割的 CAD 功能绘制加工图形→生成加工轨迹及加工仿真→生成线切割加工程序→将线切割加工程序传输给线切割机床。

下面以一个凸凹模零件的加工为例说明其操作过程。凸凹模尺寸如图 8-13 所示，线切割加工的电极丝为 ϕ0. 1mm 的钼丝，单面放电间隙为 0. 01mm。

一、绘制工件图形

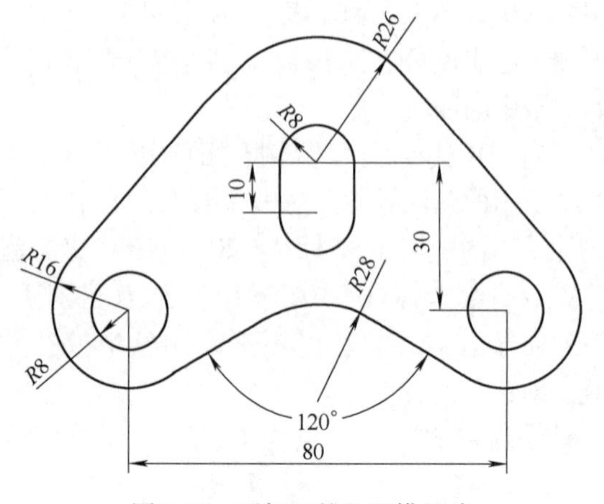

图 8-13　要加工的凸凹模尺寸

1. 画圆

1）选择“基本曲线——圆”菜单项，用“圆心-半径”方式作圆。

2）输入（0，0）以确定圆心位置，再输入半径值“8”，画出一个圆。

3）不要结束命令，在系统仍然提示“输入圆弧上一点或半径”时输入“26”，画出较大的圆，单击鼠标右键结束命令。

4）继续用如上的命令作圆，输入圆心点（-40，-30），分别输入半径值“8”和“16”，画出另一组同心圆。

2. 画直线

1）选择“基本曲线——直线”菜单项，选用“两点线”方式，系统提示输入“第一点（切点，垂足点）”位置。

2）按空格键，激活特征点捕捉菜单，从中选择“切点”。

3）在“*R*16”圆的适当位置上单击，此时移动鼠标可看到光标拖画出一条假想线，此时系统提示输入“第二点（切点，垂足点）”。

4）再次按空格键激活特征点捕捉菜单，从中选择“切点”。

5）再在“*R*26”圆的适当位置确定切点，即可方便地得到这两个圆的外公切线。

6）选择“基本曲线——直线”，单击“两点线”标志，换用“角度线”方式。

7）单击第二个参数后的下拉标志，在弹出的菜单中选择“*X* 轴夹角”。

8）单击“角度=45”的标志，输入新的角度值“30”。

9）用前面用过的方法选择“切点”，在“*R*16”圆的右下方适当的位置单击。

10）拖画直线至适当位置后，单击鼠标左键，画线完成。

3. 作对称图形

1）选择“基本曲线——直线”菜单项，选用“两点线”，切换为“正交”方式。

2）输入（0，0），拖动鼠标画一条铅垂的直线。

3）在下拉菜单中选择“曲线编辑——镜像”菜单项，用缺省的“选择轴线”、“拷贝”方式，此时系统提示拾取元素，分别点取刚生成的两条直线与图形左下方的半径为“8”和“16”的同心圆后，单击鼠标右键确认。

4）此时系统又提示拾取轴线，拾取刚画的铅垂直线，确定后便可得到对称的图形。

4. 作长圆孔形

1）选择“曲线编辑——平移”菜单项，选用“给定偏移”、“拷贝”和“正交”方式。

2）系统提示拾取元素，点取“*R*8”的圆，单击鼠标右键确认。

3）系统提示“*X* 和 *Y* 方向偏移量或位置点”，输入（0，-10），表示 *X* 轴向位移为 0，*Y* 轴向位移为-10。

4）用上述的作公切线的方法生成图中的两条竖直线。

5. 最后编辑

1）选择橡皮擦头图标，系统提示“拾取几何元素”。

2）点取铅垂线，并删除此线。

3）选择“曲线编辑——过渡”菜单项，选用“圆角”和“裁剪”方式，输入“半径”值“20”。

4）依提示分别点取两条与 X 轴夹角为 30°的斜线，得到要求的圆弧过渡。

5）选择“曲线编辑——裁剪”菜单项，选用“快速裁剪”方式，系统提示“拾取要裁剪的曲线”，注意应选取被剪掉的段。

6）分别用鼠标左键点取不存在的线段，便可将其删除掉，完成图形。

二、轨迹生成及加工仿真

1. 轨迹生成

轨迹生成是在已经构造好轮廓的基础上，结合线切割加工工艺，给出确定的加工方法和加工条件，由计算机自动计算出加工轨迹的过程。下面结合本例介绍线切割加工走丝轨迹生成方法：

1）选择“轨迹生成”项，在弹出的对话框中，按缺省值确定各项加工参数。

2）在本例中，加工轨迹与图形轮廓有偏移量。加工凹模孔时，电极丝加工轨迹向原图形轨迹之内偏移进行“间隙补偿”。加工凸模时，电极丝加工轨迹向原图形轨迹之外偏移进行“间隙补偿”。补偿距离为 $\Delta R=d/2+Z=0.06$mm。把该值输入到“第一次加工量”，然后单击“确定”按钮。

3）系统提示“拾取轮廓”。本例为凸凹模，不仅要切割外表面，而且要切割内表面，这里先切割凹模型孔。本例中有三个凹模型孔，以左边圆形孔为例，拾取该轮廓，此时 $R8$mm 轮廓线变成红色的虚线，同时在用鼠标单击的位置沿着轮廓线出现一对双向的绿色箭头，系统提示“选择链拾取方向”（系统缺省时为链拾取）。

4）选取顺时针方向后，在垂直轮廓线的方向上又会出现一对绿色箭头，系统提示“选择切割的侧扁”。

5）因拾取轮廓为凹模型孔，拾取指向轮廓内侧的箭头，系统提示“输入穿丝点位置”。

6）按空格键激活特征点捕捉菜单，从中选择“圆心”，然后在 $R8$mm 的圆上选取，即确定了圆心为穿丝点位置，系统提示“输入退出点（回车则与穿丝点重合）”。

7）单击鼠标右键或按回车键，系统计算出凹模型孔轮廓的加工轨迹。

8）此时，系统提示继续“拾取轮廓”，按上述方法完成另外两个凹模的加工轨迹。

9）系统提示继续“拾取轮廓”。此时加工起始段变成红色虚线。

10）系统又顺序提示“选择链拾取方向”、“选择切割的侧边”、“输入穿丝点位置”和“输入退出点”。

11）单鼠标右键或按【ESC】键结束轨迹生成，选择编辑轨迹命令的“轨迹跳步”功能将以上几段轨迹连接起来。

2. 加工仿真

拾取“加工仿真”，选择“连续”与合适的步长值，系统将完整地模拟从起步到加工结束之间的全过程。

三、生成线切割加工程序

选择“生成 3B 代码”项，然后选取生成的加工轨迹，即可生成该轨迹的加工代码。

四、代码传输

1）选择“应答传输”项，系统弹出一对话框要求指定被传输的文件（在刚生成过代码的情况下，屏幕左下角会出现一个选择当前代码或代码文件的立即菜单）。

2）选择目标文件后，单击“确定”按钮，系统提示“按键盘任意键开始传输（ESC 退出）”，按任意键即可开始传输加工代码文件。

8.3.5 数控电火花线切割加工的基本操作

1. 数控电火花线切割加工的工艺指标

（1）切割速度　影响切割速度的主要因素如下：

1）走丝速度。走丝速度越快，切割速度越快。

2）工件材料。按切割速度大小排列顺序为：铝、铜、钢、铜钨合金、硬质合金。

3）工作液。高速走丝线切割加工的工作液一般由乳化油与水配置而成，不同品牌的乳化油适用不同的工艺条件。

4）电极丝的张力。电极丝的张力适当取高一些，切割速度将会增加。

5）脉冲电源。可用公式近似表示为

$$V_w = KT_k^{1.1} I_p^{1.4} f$$

式中，V_w 为切割速度（mm^2/min）；K 为常数，根据工艺条件而定；T_k 为脉冲宽度；I_p 为脉冲峰值电流；f 为放电频率。

（2）表面粗糙度　对高速走丝线切割的工件来说，一般的表面粗糙度为 $Ra2.5 \sim 5\mu m$，最佳只有 $Ra1\mu m$ 左右。

（3）加工精度　加工精度是加工工件的形状精度、尺寸精度和位置精度的总称。高速走丝线切割的可控精度为 $0.01 \sim 0.02\mu m$。

2. 切割加工前的准备

合上机床电源总开关，此时机床控制面板上电压表指针应指在 220V 左右，且相应的指示灯亮。请用机油充分润滑机床运动部件。打开数控装置，进入系统主屏幕。检查乳化油箱及回油管的位置是否正确，穿钼丝并矫正其垂直度，调节行程开关，使钼丝充分利用；检查操作面板上波段开关的位置是否正确。

（1）毛坯的准备　为了提高加工精度，通常无论切割凸形零件还是切割凹形零件，都应在毛坯的适当位置进行预孔加工，即穿丝孔。穿丝孔的位置最好选择在已知坐标点或便于运算的坐标点上，以简化编程时控制轨迹的运算。

（2）工件的装夹及穿丝　工件的装夹方式对加工精度有直接影响。常用的装夹具有压板夹具、磁性夹具、分度夹具等。安装工件前，首先要确定基准面，装夹工件时，基准面应清洁无毛刺，工件上必须留有足够的夹持余量，对工件的夹紧力要均匀，不得使工件产生变形或翘起。要注意不得使工件夹具在加工时与丝架相碰。工件装夹完毕要进行穿丝，穿丝前检查电极丝的直径是否与编程所规定的电极丝直径相同，若电极丝损耗到一定，程度应更换新的电极丝。穿丝完毕检查电极丝的位置是否正确，特别注意电极丝是否在导轮槽内。

（3）确定起始切割点和切割路径 电火花线切割加工的零件大部分是封闭图形，因此切割的起始点也就是切割加工的终点。为了减少工件切割表面上的残留痕迹，应尽可能把起始点选在切割表面的拐弯处或者选在精度要求不高的表面上，或者选择在容易修整的表面上。在整体材料上切割工件时，材料边角处的变形较大，因此确定切割路线时，应尽量避开坯料的边角处。合理的切割路线应使工件与其夹持部分分离的切割段安排总的切割程序末端。

3. 脉冲电源电参数的选择

电参数主要有脉冲宽度、脉冲间隔、脉冲电压、峰值电流等。电参数对工件表面粗糙度、精度及切割速度起着决定的作用。脉冲宽度增加、脉冲间隔减小、脉冲电压幅值增大、峰值电流增大都会使切割速度提高，但加工的表面粗糙度和精度将会下降；反之，可改善表面粗糙度和提高加工精度。

（1）脉冲宽度 T_i 脉冲宽度是单脉冲放电的决定因素之一，它对加工速度和表面糙度均有很大影响。脉冲宽度大，则加工表面的表面粗糙度值大，加工速度快。

（2）脉冲间隔 T_o 调节脉冲间隔实际上是调节占空比，即调节输入功率，脉冲间隔加大有利于排除切缝中的切屑使加工稳定性提高。调节脉冲间隔不能改变单脉冲能量，因此对表面粗糙度影响不大，但对加工速度有较大影响。采用矩形波时，不同的工件加工厚度对应的占空比 d 为

$$d = \frac{T_i}{T_o}$$

（3）外加电压 外加电压一方面会影响放电能量的大小，在较大厚度切削时，应采用高电压（>100V）；另一方面加工电压的大小也会影响放电间隙，当电压波动较大时会影响加工的稳定性，因此电压波动较大时应采用稳压电源。

（4）进给速度的调整 调节进给速度本身并不具有提高加工速度的能力，其作用是保证加工的稳定性。适当地调整进给速度，可保证加工稳定地进行，获得好的加工质量。

（5）走丝速度的调整 电极丝走丝速度与电极丝的冷却、切缝中的排屑均有关。对于不同厚度的工件应选择合适的走丝速度，工件越厚，走丝速度越快。

4. 试切与切割

对于加工质量要求较高的工件，正式加工前最好进行试切。通过试切可确定正式加工时的各种工艺参数，同时可检查程序的编制是否正确。

第9章 数控加工技术

9.1 概述

数控（Numerical Control，NC）是指用数字、文字和符号组成的数字指令，来实现一台或多台机械设备动作控制的技术。它所控制的通常是位置、角度、速度等机械量和与机械能流向有关的开关量。数控的产生依赖于数据载体和二进制形式数据运算的出现。1908年，穿孔的金属薄片互换式数据载体问世；1938年，香农在美国麻省理工学院进行了数据快速运算和传输，奠定了现代计算机及计算机数字控制系统的基础。数控技术是与机床控制密切结合发展起来的。1952年，第一台数控机床问世，成为世界机械工业史上一件划时代的事件，推动了自动化的发展。

现在，数控技术也叫计算机数控技术（Computer Numerical Control，CNC），它是采用计算机实现数字程序控制的技术，用计算机按事先存储的控制程序来执行对设备的控制功能。采用计算机替代原先用硬件逻辑电路组成的数控装置，使输入数据的存储、处理、运算、逻辑判断等各种控制机能，均可通过计算机软件来完成。

9.1.1 数控机床的组成及基本工作原理

现代计算机数控机床由控制介质、输入/输出装置、计算机数控装置、伺服系统及机床本体组成，其工作原理框图如图9-1所示。

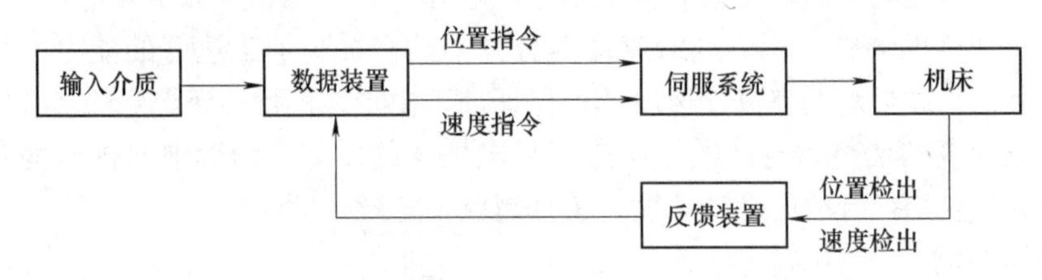

图9-1 数控机床工作原理框图

（1）控制介质 控制介质又称信息载体，是人与数控机床之间联系的中间媒介，反映了数控加工中的全部信息，目前常用的有穿孔带、磁带或磁盘等。

（2）输入/输出装置 它是数据系统与外部设备进行交互的装置，交互的信息通常是零件加工程序，即将编制好的记录在控制介质上的零件加工程序输入数控系统，或将调试好了的零件加工程序通过输出设备存放或记录在相应的控制介质上。

（3）数控装置 数控装置是数控机床实现自动加工的核心，主要由计算机系统、位置控制板、PLC接口板，通信接口板、特殊功能模块以及相应的控制软件等组成。其作用是：根据输入的零件加工程序进行相应的处理（如运动轨迹处理、机床输入/输出处理等），然后输出控制命令到相应的执行部件（伺服单元、驱动装置和PLC等）。所有这些工作是由数控装置内硬件和软件协调配合，合理组织，使整个系统有条不紊地进行工作的。

（4）伺服系统　它是数控系统与机床本体之间的电传动联系环节，主要由伺服电动机、驱动控制系统以及位置检测反馈装置组成。伺服电动机是系统的执行元件，驱动控制系统则是伺服电动机的动力源。数控系统发出的指令信号与位置反馈信号比较后作为位移指令，再经过驱动系统的功率放大后，带动机床移动部件做精确定位或按照规定的轨迹和进给速度运动，使机床加工出符合图样要求的零件。

（5）反馈系统　反馈系统由检测元件和相应的电路组成，其作用是检测机床的实际位置、速度等信息，并将其反馈给数控装置与指令信息进行比较和校正，构成系统的闭环控制。

（6）机床本体　机床本体指的是数控机床机械机构实体，包括床身、主轴、进给机构等机械部件。由于数控机床是高精度和高生产率的自动化机床，它与传统的普通机床相比，应具有更好的刚性和抗振性，相对运动摩擦系数要小，传动部件之间的间隙要小，而且传动和变速系统要便于实现自动化控制。

9.1.2　数控机床的加工特点

数控机床以其精度高、效率高、能适应小批量多品种复杂零件的加工，在机械加工中得到日益广泛的应用。数控机床的加工特点有：

（1）适应性强　适应性即所谓的柔性，是指数控机床随生产对象变化而变化的适应能力。在数控机床上改变加工零件时，只需重新编制程序，输入新的程序后就能实现对新的零件的加工，而不需改变机械部分和控制部分的硬件，且生产过程是自动完成的，这就为复杂结构零件的单件、小批量生产以及试制新产品提供了极大的方便。适应性强是数控机床最突出的优点，也是数控机床得以迅速发展的主要原因。

（2）精度高，质量稳定　数控机床是按数字形式给出的指令进行加工的，一般情况下工作过程不需要人工干预，这就消除了操作者人为产生的误差。在设计制造数控机床时，采取了许多措施，使数控机床的机械部分达到了较高的精度和刚度。

（3）生产效率高　零件加工所需的时间主要包括机动时间和辅助时间两部分。数控机床主轴的转速和进给量的变化范围比普通机床大，因此数控机床每一道工序都可选用最有利的切削用量。由于数控机床结构刚性好，因此允许进行大切削用量的强力切削，这就提高了数控机床的切削效率，节省了机动时间。数控机床的移动部件空行程运动速度快，工件装夹时间短，刀具可自动更换，辅助时间比一般机床大为减少。

（4）能实现复杂的运动　普通机床难以实现或无法实现轨迹为三次以上的曲线或曲面的运动，如螺旋桨、汽轮机叶片之类的空间曲面；而数控机床则可实现几乎任意轨迹的运动和加工任何形状的空间曲面，能适应复杂异形零件的加工。

（5）良好的经济效益　数控机床虽然设备昂贵，加工时分摊到每个零件上的设备折旧费较高，但在单件、小批量生产的情况下，使用数控机床加工可节省划线工时，减少调整、加工和检验时间，节省直接生产费用。

9.1.3　数控机床的分类

数控机床的品种规格很多，分类方法也各不相同。

1. 按机床运动的方式分类

（1）点位控制数控机床　点位控制数控机床只要求控制机床的移动部件从一点移动到另一点时准确定位，对点与点之间的运动轨迹的要求并不严格，在移动过程中不进行加工，各坐标轴之间的运动是不相关的。为了实现既快又精确的定位，两点间一般先快速移动，然后慢速趋近定位点，从而保证定位精度。图 9-2 所示为点位控制的加工轨迹。具有点位控制功能的机床主要有数控钻床、数控镗床和数控冲床等。

（2）直线控制数控机床　也称为平行控制数控机床，其特点是除了控制点与点之间的准确定位外，还要控制两点之间的移动速度和移动轨迹，但其运动路线只是与机床坐标轴平行移动，也就是说同时控制的坐标轴只有一个，在移位的过程中刀具能以指定的进给速度进行切削。具有直线控制功能的机床主要有数控车床、数控铣床和数控磨床等。

（3）轮廓控制数控机床　也称连续控制数控机床，其控制特点是能够对两个或两个以上的运动坐标方向的位移和速度同时进行控制。为了满足刀具沿工件轮廓的相对运动轨迹符合工件加工轮廓的要求，必须将各坐标方向运动的位移控制和速度控制按照规定的比例关系精确地协调起来。因此，这类控制方式就要求数控装置具有插补运算功能，通过数控系统内插补运算器的处理，把直线或圆弧的形状描述出来，也就是一边计算，一边根据计算结果向各坐标轴控制器分配脉冲量，从而控制各坐标轴的联动位移量与要求的轮廓相符合，在运动过程中刀具对工件表面连续进行切削，可以进行各种直线、圆弧、曲线的加工。轮廓控制的加工轨迹，如图 9-3 所示。

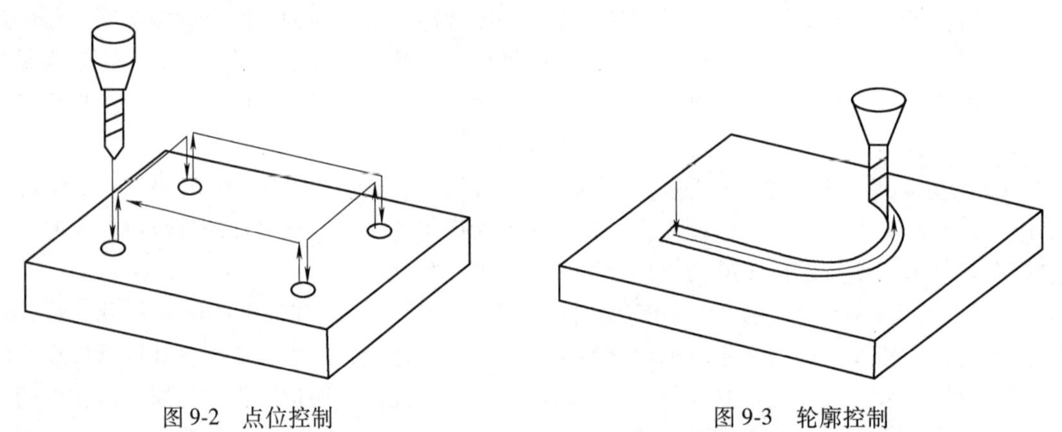

图 9-2　点位控制　　　　图 9-3　轮廓控制

这类机床主要有数控车床、数控铣床、数控线切割加工机床和加工中心等，其相应的数控装置称为轮廓控制数控系统。根据它所控制的联动坐标轴数不同，又可以分为：

1）二轴联动。它主要用于数控车床加工旋转曲面或数控铣床加工曲线柱面。

2）二轴半联动。它主要用于三轴以上机床的控制，其中两根轴可以联动，而另外一根轴可以做周期性进给。图 9-4 所示就是采用这种方式加工三维空间曲面的。

3）三轴联动。它一般分为两类：一类就是 X、Y、Z 三个直线坐标轴联动，比较多地用于数控铣床和加工中心等，图 9-5 所示为用球头铣刀铣削三维空间曲面；另一类是除了同时控制 X、Y、Z 其中两个直线坐标轴外，还同时控制围绕其中某一直线坐标轴旋转的旋转坐标轴，如车削加工中，它除了纵向（Z 轴）、横向（X 轴）两个直线坐标轴联动外，还要同时控制围绕 Z 轴旋转的主轴（C 轴）联动。

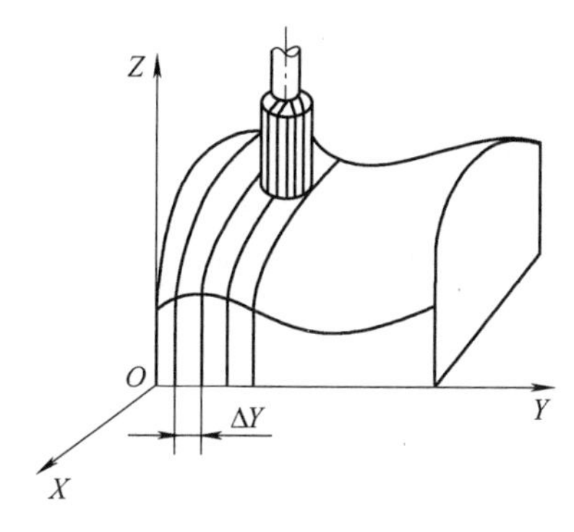

图 9-4　二轴半联动的曲面加工

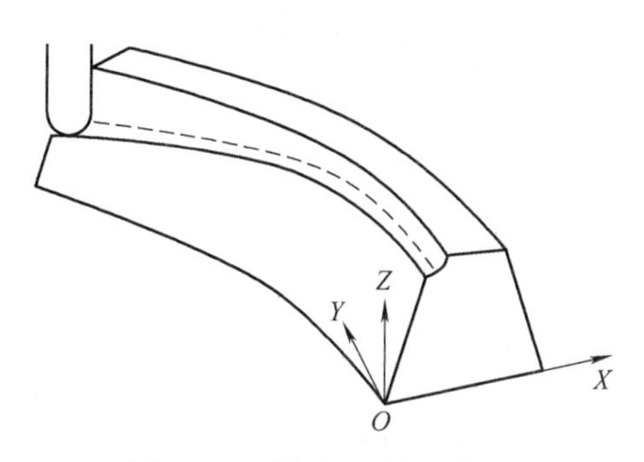

图 9-5　三轴联动的曲面加工

4）四轴联动。它同时控制 *X*、*Y*、*Z* 三个直线坐标轴与某一旋转坐标轴联动。图 9-6 所示为同时控制 *X*、*Y*、*Z* 三个直线坐标轴与一个工作台回转轴联动的数控机床。

5）五轴联动。除同时控制 *X*、*Y*、*Z* 三个直线坐标轴联动外，还同时控制围绕这些直线坐标轴旋转的 *A*、*B*、*C* 坐标轴中的两个坐标轴，形成同时控制五个轴联动，如图 9-7 所示。比如控制刀具同时绕 *X* 轴和 *Y* 轴两个方向摆动，使得刀具在其切削点上始终沿着被加工轮廓曲面的法线方向，以保证被加工曲面的光滑性，提高其加工精度和加工效率，减小被加工表面的粗糙度。

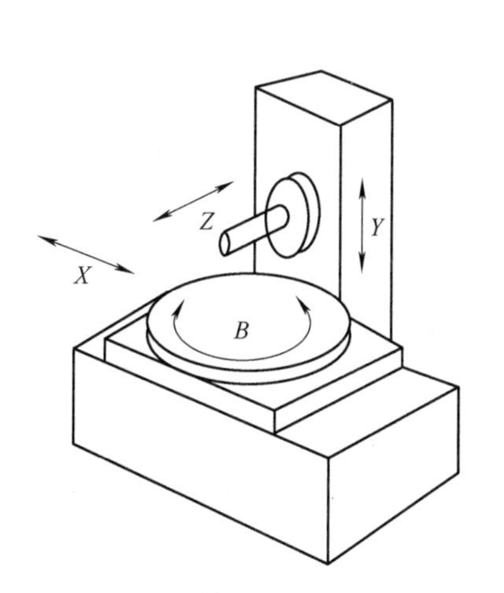

图 9-6　四轴联动的数控机床

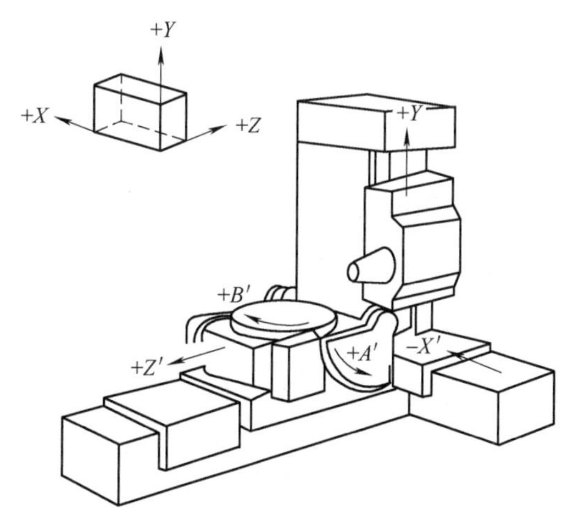

图 9-7　五轴联动的加工中心

2. 按伺服系统拉制的方式进行分类

（1）开环控制数控机床　开环控制数控机床的进给伺服驱动是开环的，即没有检测反馈装置，一般它的电动机为步进电动机。步进电动机的主要特征是控制电路每变换一次指令脉冲信号，电动机就转动一个步距角，并且电动机本身就有自锁能力。

（2）闭环控制数控机床　闭环控制数控机床的进给伺服驱动是按闭环反馈控制方式工作的，其驱动电动机可采用直流或交流两种伺服电动机，并需要具有位置反馈和速度反馈，在加工中随时检测移动部件的实际位移量，并及时反馈给数控系统中的比较器。它与插补运算所得到的指令信号进行比较，其差值又作为伺服驱动的控制信号，进而带动位移部件以消除位移误差。

9.2 数控系统基础知识

数控系统是数字控制系统（Numerical Control System）的简称，早期是由硬件电路构成的，称为硬件数控，1970 年以后，硬件电路元件逐步由专用的计算机代替，称为计算机数控系统。

9.2.1 数控系统的组成及工作过程

1. 数控系统的组成

数控系统（CNC）由程序、输入/输出设备、数控装置、可编程序控制器（PLC）、主轴驱动装置和进给驱动装置等组成。图 9-8 为数控系统组成框图。

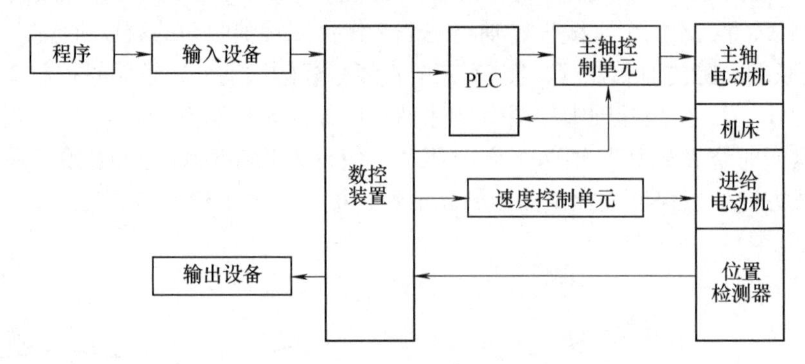

图 9-8 数控系统组成框图

2. 数控系统的作用

数控系统接收按零件加工顺序记载机床加工所需的各种信息，并将加工零件图上的几何信息和工艺信息数字化，同时进行相应的运算、处理，然后发出控制命令，使刀具实现相对运动，完成零件加工过程。

数控系统工作过程如图 9-9 所示（图中的虚线框中为数控单元），一个零件程序的执行首先要输入数控系统中，经过译码、数据处理、插补、位置控制，由伺服系统执行数控系统输出的指令以驱动机床完成加工。

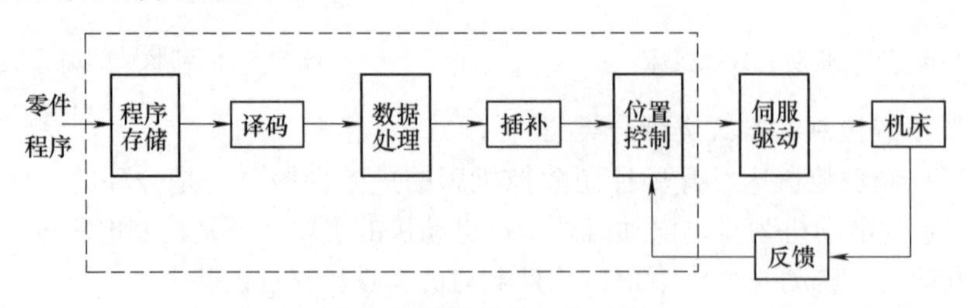

图 9-9 数控系统工作过程

9.2.2 数控系统的插补基本原理

在实际加工中，被加工工件的轮廓形状千差万别，严格说来，为了满足几何尺寸精度的要求，刀具中心轨迹应该准确地依照工件的轮廓形状来生成，对于简单的曲线数控系统可以比较容易实现；但对于较复杂的形状，若直接生成会使算法变得很复杂，计算机的工作量也相应地大大增加。因此，实际应用中，常采用一小段直线或圆弧进行拟合就可满足精度要求（也有需要抛物线和高次曲线拟合的情况），这种拟合方法就是“插补”，实质上插补就是数据密化的过程。

插补的任务是根据进给速度的要求，在轮廓起点和终点之间计算出若干个中间点的坐标值，每个中间点计算所需时间直接影响系统的控制速度，而插补中间点坐标值的计算精度又影响到数控系统的控制精度，因此，插补算法是整个数控系统控制的核心。

插补算法经过几十年的发展，不断成熟，种类很多。一般说来，从产生的数学模型来分，主要有直线插补、二次曲线插补等；从插补计算输出的数值形式来分，主要有脉冲增量插补（也称为基准脉冲插补）和数据采样插补。脉冲增量插补和数据采样插补都有各自的特点。

9.3　数控车削加工

数控车床是目前国内使用量最大、覆盖面最广的一种数控机床。数控车床在近几十年来受到世界各国的普遍重视并得到了迅速发展。

9.3.1　数控车床概述

数控车床能够根据已编好的程序，使机床自动完成零件加工。它综合了机械、自动化、计算机、测量、微电子等最新技术。与传统普通车床相比，数控车床有以下特点：

1）主轴精度高。回转精度直接影响到零件的加工精度。

2）导轨主体结构刚性好，抗振动性强。新型贴塑导轨特别是倾斜床身贴塑导轨润滑条件好，耐磨性、耐蚀性及吸振性好，切屑不易在导轨面堆积。

3）传动机构精度高。沿纵、横两个坐标轴方向的运动通过伺服系统完成，即驱动电动机—进给丝杠—床鞍及中滑板，传动链大幅度简化，并在驱动电动机至丝杠间增设了消除间隙的齿轮副。

4）具有自动转位刀架。自动转位刀架是数控车床普遍采用的一种最简单的自动换刀设备。

5）具有检测反馈装置。它包括位移装置和工件尺寸检测装置两大类，工件尺寸检测装置又分为机内尺寸检测装置和机外尺寸检测装置。检测反馈装置仅在少量高档数控车床上配用。

6）具有对刀装置。对刀装置用以对自动转位刀架上每把刀的刀位点在刀架上安装的位置或相对于车床固定原点的位置对刀、调整、测量和确认，以保证零件的加工质量。

1. 数控车床的组成

数控车床由数控装置、床身、主轴箱、刀架进给系统、尾座、液压系统、冷却系统、润滑系统等部分组成，如图 9-10 所示。

2. 数控车床的分类

数控车床品种繁多，规格不一，可按如下方法进行分类。

（1）按车床主轴位置分类

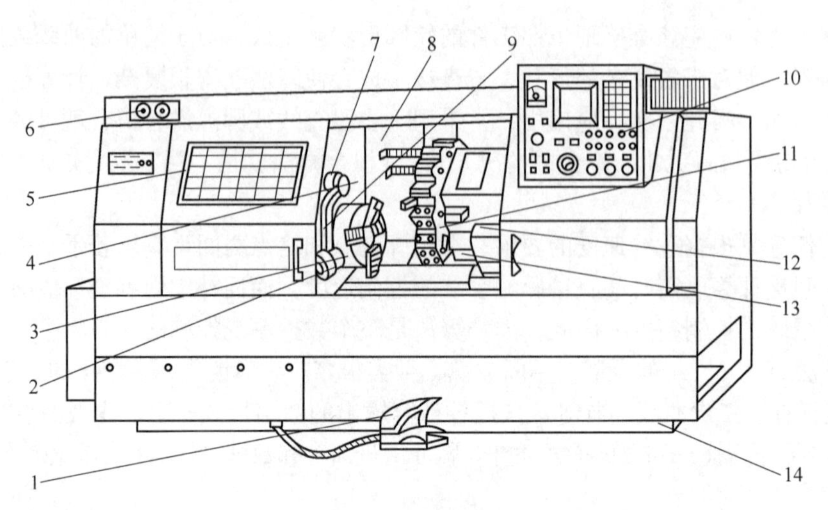

图 9-10　数控车床外观

1—脚踏开关　2—对刀仪　3—主轴卡盘　4—主轴箱　5—机床防护门　6—压力表　7—对刀仪防护罩　8—防护罩　9—对刀仪转臂　10—操作面板　11—回转刀架　12—尾座　13—滑板　14—床身

1）立式数控车床。立式数控车床简称为数控立车，其车床主轴垂直于水平面，一个直径很大的圆形工作台用来装夹工件。这类机床主要用于加工背向尺寸大、轴向尺寸相对较小的大型复杂零件。

2）卧式数控车床。卧式数控车床又分为数控水平导轨卧式车床和数控倾斜导轨卧式车床。其倾斜导轨结构可以使车床具有更大的刚性，并易于排除切屑。

（2）按加工零件的基本类型分类

1）卡盘式数控车床。这类车床没有尾座，适合车削盘类（含短轴类）零件。

2）顶尖式数控车床。这类车床配有普通尾座或数控尾座，适合车削较长的零件及直径不太大的盘类零件。

9.3.2　数控车床编程基础

编程就是把零件的外形尺寸、加工工艺过程、工艺参数、刀具参数等信息，按照数控系统专用的编程代码编写加工程序的过程。数控加工就是数控系统按加工程序的要求，控制机床完成零件加工的过程。数控车削加工工艺流程图，如图 9-11 所示。

1. 编程基本知识

以 GSK980 车床为例，使用 *X* 轴、*Z* 轴组成的直角坐标系，*X* 轴与主轴轴线垂直，*Z* 轴与主轴轴线平行，接近工件的方向为负方向，离开工件的方向为正方向。按刀座与机床主轴的相对位置划分，数控车床有前刀座坐标系和后刀座坐标系。图 9-12 所示为前刀座坐标系，图 9-13 所示为后刀座坐标系。从图 9-12 和图 9-13 中可以看出，前、后刀座坐标系的 *X* 轴方向正好相反，而 *Z* 轴方向是相同的。在以后的图示和例子中，用前刀座坐标系来说明编程的应用。

2. 机床坐标系、零点和参考点

机床坐标系是数控系统进行坐标计算的基准坐标系，是机床固有的坐标系。机床零点是机床上的一个固定点，由安装在机床上的零点开关或回零开关决定。通常情况下回零开关安

装在 X 轴和 Z 轴正方向的最大行程处。工件坐标系是按零件图样设定的直角坐标系，又称浮动坐标系。当零件装夹到机床上后，根据工件的尺寸用 G50 设置刀具当前位置的绝对坐标，在数控系统中建立工件坐标系。通常工件坐标系的 Z 轴与主轴轴线重合，X 轴位于零件的首端或尾端。工件坐标系一旦建立便一直有效，直到被新的工件坐标系所取代。用 G50 设定工件坐标系的当前位置称为程序零点，执行程序回零操作后就回到此位置。

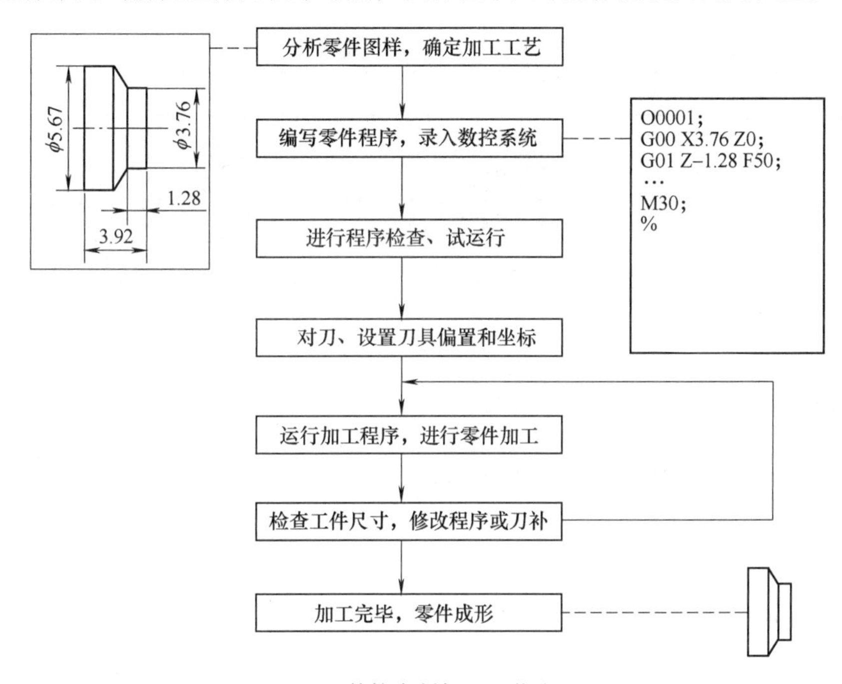

图 9-11　数控车削加工工艺流程图

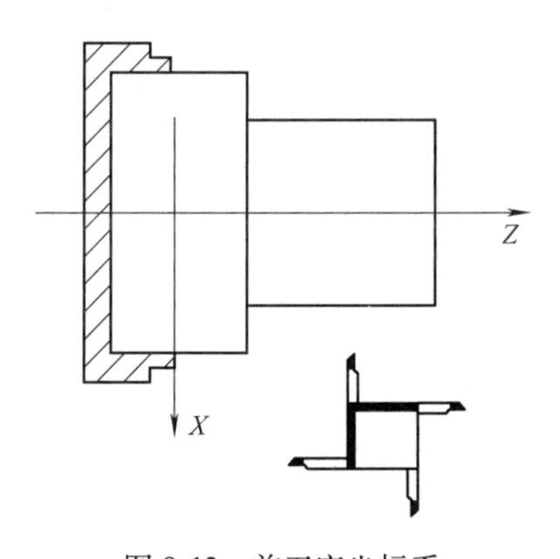

图 9-12　前刀座坐标系

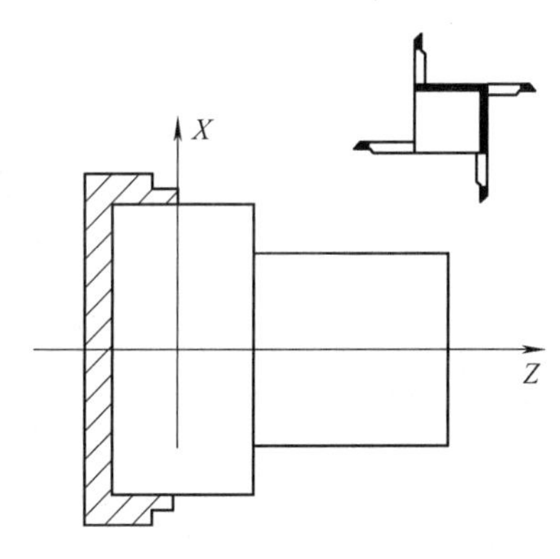

图 9-13　后刀座坐标系

3. G 代码

G 代码由代码地址 G 和其后的 1 ~ 2 位代码组成，用来规定刀具相对工件的运动方式，进行坐标设定等多种操作。

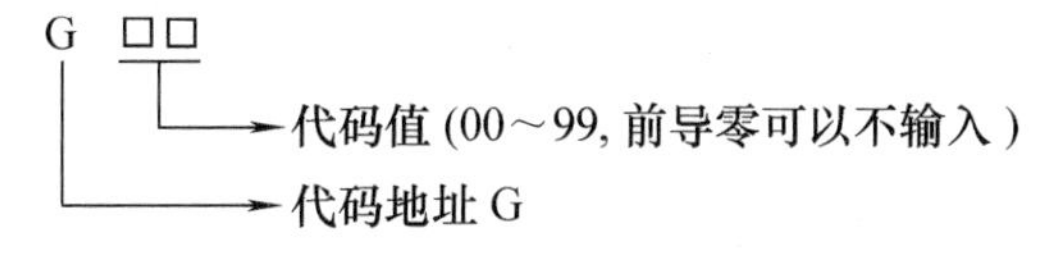

G 代码见表 9-1。G 代码字分为 00、01、02、03、06、07、16、21 组。除 01 与 00 组代码不能共段外，同一个程序段中可以输入几个不同组的 G 代码字，如果在同一个程序段中输入了两个或两个以上的同组 G 代码字，那么最后一个 G 代码字有效。没有共同参数（代码字）的不同组 G 代码可以在同一程序段中，功能同时有效并且与先后顺序无关。

表 9-1　G 代码一览表

指令字	组别	功能	备注
G00	01	快速移动	模态 G 代码
G01		直线插补	
G02		圆弧插补（顺时针）	
G03		圆弧插补（逆时针）	
G05		三点圆弧插补	
G6.2		椭圆插补（顺时针）	
G6.3		椭圆插补（逆时针）	
G7.2		抛物线插补（顺时针）	
G7.3		抛物线插补（逆时针）	
G32		螺纹切削	
G32.1		刚性螺纹切削	
G33		*Z* 轴攻螺纹循环	
G34		变螺距螺纹切削	
G90		轴向切削循环	
G92		螺纹切削循环	
G84		端面刚性攻螺纹	
G94		背向切削循环	
G04	00	暂停、准停	非模态 G 代码
G10		数据输入方式有效	
G11		取消数据输入方式	
G28		返回机床第 1 参考点	
G30		返回机床第 2、3、4 参考点	
G31		跳转插补	
G36		自动刀具补偿测量 *X*	
G37		自动刀具补偿测量 *Z*	
G50		坐标系设定	
G65		宏代码	
G70		精加工循环	
G71		轴向粗车循环	
G72		背向粗车循环	

（续）

指令字	组别	功能	备注
G73	00	封闭切削循环	非模态 G 代码
G74		轴向切槽多重循环	
G75		背向切槽多重循环	
G76		多重螺纹切削循环	
G20	06	英制单位选择	模态 G 代码
G21		米制单位选择	
G40	07	取消刀尖半径补偿	初态 G 代码
G41		刀尖半径左补偿	模态 G 代码
G42		刀尖半径右补偿	
G17	16	*XY* 平面	模态 G 代码
G18		*ZX* 平面	初态 G 代码
G19		*YZ* 平面	模态 G 代码

G 代码执行后，其定义的功能或状态保持有效，直到被同组的其他 G 代码改变，这种 G 代码称为模态 G 代码。模态 G 代码执行后，其定义的功能或状态被改变以前，后续的程序段执行该 G 代码字时，可不需要再次输入该 G 代码。

G 代码执行后，其定义的功能或状态一次性有效，每次执行该 G 代码时，必须重新输入该 G 代码字，这种 G 代码称为非模态 G 代码。

系统上电后，未经执行其功能或状态就有效的模态 G 代码称为初态 G 代码。上电后不输入 G 代码时，按初态 G 代码执行。

4. M 代码（辅助功能）

M 代码由代码地址 M 和其后的 1~2 位数字或 4 位数组成，用于控制程序执行的流程或输出 M 代码到 PLC。

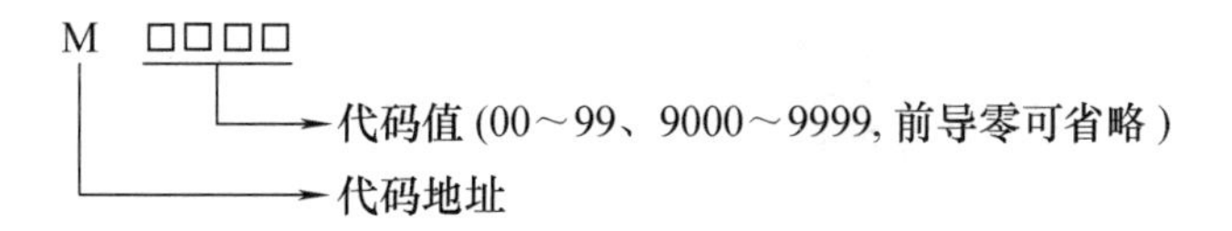

M98、M99、M9000~M9999 由 NC 独立处理，不输出 M 代码给 PLC。

M02、M30 已由 NC 定义为程序结束代码，同时也输出 M 代码到 PLC，可由 PLC 程序用于输入/输出控制（关主轴、关切削液等）。

M98、M99、M9000~M9999 作为程序调用代码，M02、M30 作为程序结束代码。PLC 程序不能改变上述代码意义。

一个程序段中只能有一个 M 代码，当程序段中出现两个或两个以上的 M 代码时，数控系统出现报警。控制程序执行的流程 M 代码见表 9-2。

表 9-2　控制程序执行的流程 M 代码一览表

代　码	功　能
M02	程序运行结束
M30	程序运行结束
M98	子程序调用
M99	从子程序返回：若 M99 用于主程序结束（即当前程序并非由其他程序调用），程序反复执行
M9000～M9999	调用宏程序（程序号大于 9000 的程序）

5. 绝对坐标编程和相对坐标编程

编写程序时，需要给定轨迹终点或目标位置的坐标值。按编程坐标值类型可分为绝对坐标编程、相对坐标编程和混合坐标编程三种编程方式。

使用 *X*、*Z* 轴的绝对坐标值编程（用 X、Z 表示）称为绝对坐标编程。

使用 *X*、*Z* 轴的相对位移量（以 U、W 表示）编程称为相对坐标编程。

GSK980 允许在同一程序段 *X*、*Z* 轴分别使用绝对编程坐标值和相对位移量编程，称为混合坐标编程。

示例：*A*→*B* 直线插补。

绝对坐标编程：G01 X200 Z50；

相对坐标编程：G01 U100 W-50；

混合坐标编程：G01 X200 W-50；

或 G01 U100 Z50；

注：当一个程序段中同时有指令地址 X、U 或 Z、W 时，绝对坐标编程地址 X、Z 有效。

例如：G50 X10 Z20；

G01 X20 W30 U20 Z30；【此程序段的终点坐标为（X20，Z30）】

6. 程序的一般结构

程序是由以“O××××”（程序名）开头、以“%”号结束的若干行程序段构成的。程序段是以程序段号开始（可省略），以“；”或“＊”结束的若干个代码字构成。程序的一般结构，如图 9-14 所示。

（1）程序名　GSK980 最多可以存储 10000 个程序，为了识别区分各个程序，每个程序都有唯一的程序名（程序名不允许重复），程序名位于程序的开头由 O 及其后的四位数字构成。

O　□□□□

程序号 (0000～9999, 前导零可省略)

代码地址 O

（2）代码字　代码字是用于命令数控系统完成控制功能的基本代码单元。代码字由一个英文字母（称代码地址）和其后的数值（称为代码值，为有符号数或无符号数）构成。代码地址规定了其后代码值的意义，在不同的代码字组合情况下，同一个代码地址可能有不同的意义。

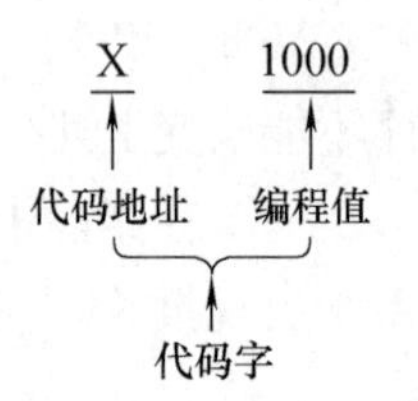

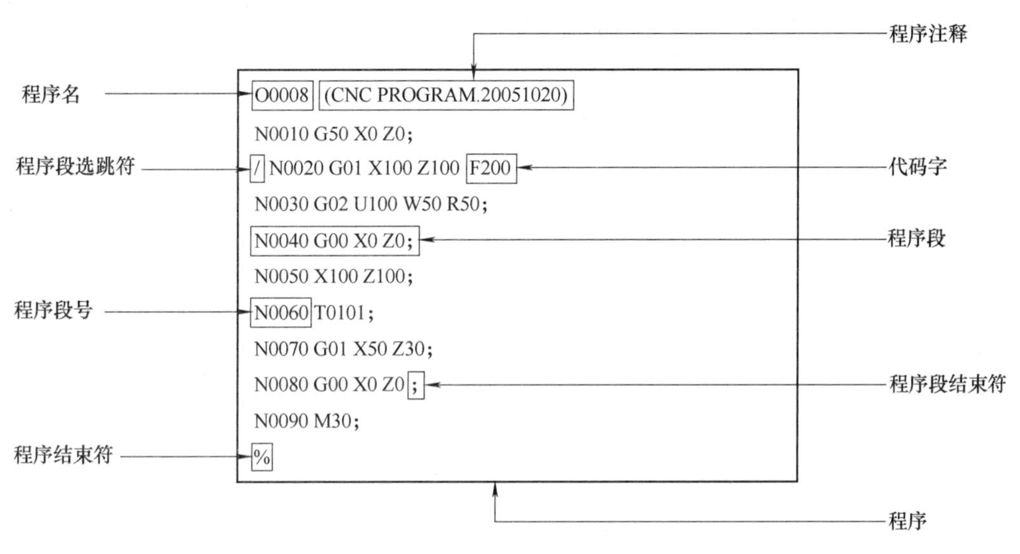

图 9-14　程序的一般结构

（3）程序段　程序段由若干个代码字构成，以“;”或“ * ”结束，是数控系统程序运行的基本单位。程序段之间用字符“;”或“ * ”分开，本手册中用“;”表示。示例如下：

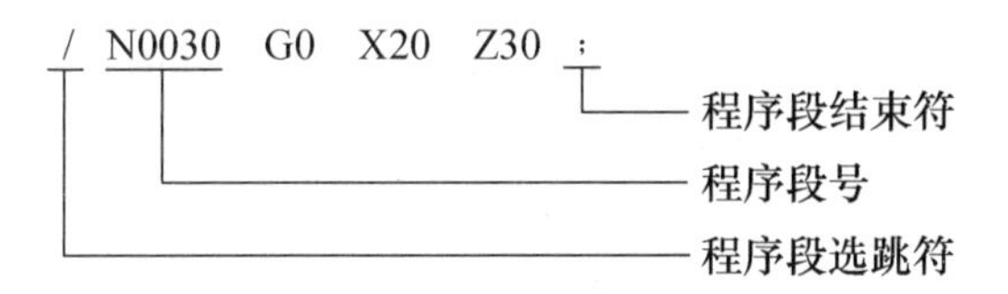

一个程序段中可输入若干个代码字，也允许无代码字而只有“;”号（EOB 键）结束符。有多个代码字时，代码字之间必须输入一个或一个以上空格。

在同一程序段中，除 N、G、S、T、H、L 等地址外，其他的地址只能出现一次，否则将产生报警（代码字在同一个程序段中被重复指令）。N、S、T、H、L 代码字在同一程序段中重复输入时，相同地址的最后一个代码字有效。同组的 G 代码在同一程序段中重复输入时，最后一个 G 代码有效。

（4）程序段号　程序段号由地址 N 和后面四位数构成：N0000~N9999，前导零可省略。程序段号应位于程序段的开头，否则无效。

程序段号可以不输入，但程序调用、跳转的目标程序段必须有程序段号。程序段号的顺序可以是任意的，其间隔也可以不相等，为了方便查找、分析程序，建议程序段号按编程顺序递增或递减。

9.3.3　编程应用实例

为了完成零件的自动加工，用户需要按照数控系统的编程格式编写零件程序（简称程序）。数控系统执行程序完成机床进给运动、主轴起停、刀具选择、冷却、润滑等控制，从而实现零件的加工。程序示例如图 9-15 所示。

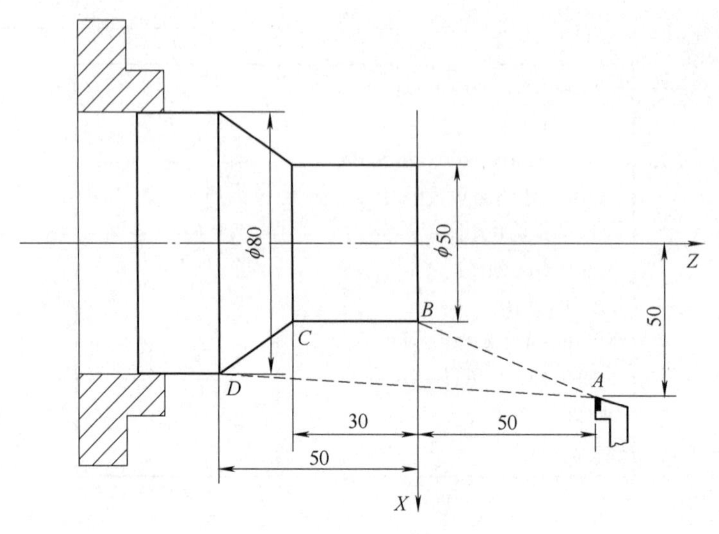

图 9-15　程序示例

```
O0001;                      (程序名)
N0005 G0 X100 Z50;          (快速定位至A点)
N0010 M12;                  (夹紧工件)
N0015 T0101;                (换1号刀执行1号刀偏)
N0020 M3 S600;              (起动主轴，设置主轴转速600r/min)
N0025 M8                    (开切削液)
N0030 G1 X50 Z0 F600;       (以600mm/min速度靠近B点)
N0040 W-30 F200;            (从B点切削至C点)
N0050 X80 W-20 F150;        (从C点切削至D点)
N0060 G0 X100 Z50;          (快速退回A点)
N0070 T0100;                (取消刀偏)
N0080 M5 S0;                (停止主轴)
N0090 M9;                   (关切削液)
N0100 M13;                  (松开工件)
N0110 M30;                  (程序结束，关主轴、切削液)
N0120 %
```

执行完上述程序，刀具将走出 A→B→C→D→A 的轨迹。

9.3.4　数控车床操作

1. 操作面板及功能键

以 GSK980 采用集成式操作面板为例，面板划分如图 9-16 所示。

2. 安全操作规程

1）数控车床必须单人操作。

2）手动操作时，应一边操作，一边注意刀架移动情况，以免损坏了刀具，并应注意不要让刀架走出行程范围。当刀架走出行程范围时，会出现“准备未绪”的错误。

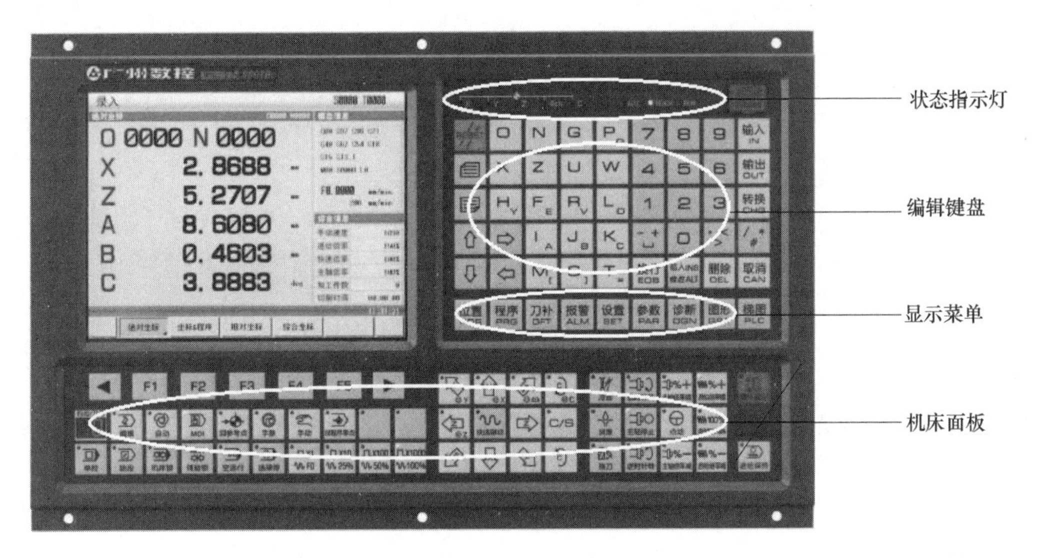

图 9-16　GSK980 面板划分

3）在执行“机械回零”操作时，应注意使刀架位置在行程开关界限内，否则刀架会走出行程范围，出现“准备未绪”的错误。

4）单段自动运行程序时，人不能离开机床，有时程序出错或机床性能不稳定，会出现故障，此时应立即关机，等待消除故障。

5）操作完成后要清洁车床，关闭电源、卡盘等。

3. 加工举例

以图 9-17 所示模型为例进行加工。

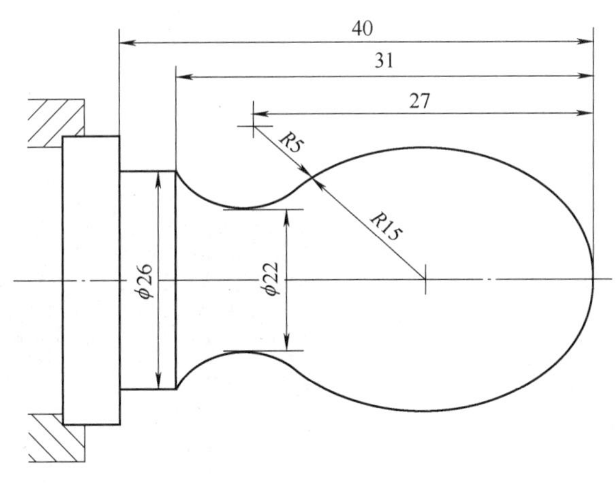

图 9-17　加工模型

（1）程序的编制

程序：O0001

N001 G0 X40 Z5;　　　　　（快速定位）

N002 M03 S200;　　　　　（主轴开）

N003 G01 X0 Z0 F900;　　　（靠近工件）

N005 G03 U24 W-24 R15;　　　　（切削“$R15$”圆弧段）
N006 G02 X26 Z-31 R5;　　　　（切削“$R5$”圆弧段）
N007 G01 Z-40;　　　　　　　　（切削“$\phi26$”轴）
N008 X40 Z5;　　　　　　　　　（返回起点）
N009 M30;　　　　　　　　　　（程序结束）

（2）程序的输入　略。

（3）程序的校验　略。

（4）对刀及运行　略。

9.4　数控铣削加工

数控铣床是在一般铣床的基础上发展起来的一种自动加工设备，两者的加工工艺基本相同，结构也有些相似。

9.4.1　数控铣床概述

1. 数控铣床的组成

如图9-18所示，数控铣床一般由数控系统、主传动系统、进给伺服系统、冷却润滑系统等几大部分组成。

（1）主轴箱　包括主轴箱体和主轴传动系统，用于装夹刀具并带动刀具旋转，主轴转速范围和输出转矩对加工有直接的影响。

（2）进给伺服系统　由进给电动机和进给执行机构组成，按照程序设定的进给速度实现刀具和工件之间的相对运动，包括直线进给运动和旋转运动。

（3）控制系统　数控铣床运动控制的中心，执行数控加工程序控制机床进行加工。

（4）辅助装置　如液压、气动、润滑、冷却系统和排屑、防护等装置。

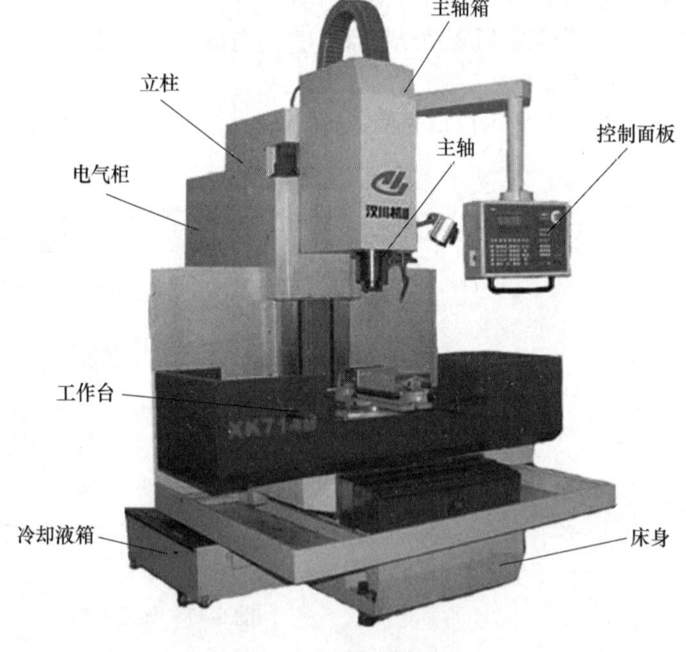

图9-18　数控铣床的组成

（5）机床基础件　通常是指底座、立柱、横梁等，它是整个机床的基础和框架。

2. 数控铣床的特点

与其他数控机床（如数控车床、数控钻镗床等）相比，数控铣床在结构上主要有下列几个特点：

（1）控制机床运动的坐标特征　为了要把工件上各种复杂的形状轮廓连续加工出来，

必须控制刀具沿设定的直线、圆弧或空间的直线、圆弧轨迹运动，这就要求数控铣床的伺服拖动系统能在多坐标方向同时协调动作，并保持预定的相互关系，也就是要求机床应能实现多坐标联动。数控铣床要控制的坐标数起码是三坐标中任意两坐标联动，要实现连续加工直线变斜角工件，起码要实现四坐标联动，而若要加工曲线变斜角工件，则要求实现五坐标联动。

（2）数控铣床的主轴特征　现代数控铣床的主轴开启与停止，主轴正反转与主轴变速等都可以按程序介质上编入的程序自动执行。不同的机床其变速功能与范围也不同。有的采用变频机组（目前已很少采用），固定几种转速，可任选一种编入程序，但不能在运转时改变；有的采用变频器调速，将转速分为几档，编程时可任选一档，在运转中可通过控制面板上的旋钮在本范围内自由调节；有的则不分档，编程可在整个调速范围内任选一值，在主轴运转中可以在全速范围内进行无级调整，但从安全角度考虑，每次只能调高或调低在允许的范围内，不能有大起大落的突变。在数控铣床的主轴套筒内一般都设有自动拉、退刀装置，能在数秒钟内完成装刀与卸刀，使换刀显得较方便。

9.4.2　数控铣床坐标系

为了确定数控机床的运动方向和移动距离，在机床上采用右手笛卡儿直角坐标系建立机床坐标系。大拇指的指向为 X 轴正方向，食指的指向为 Y 轴正方向，中指的指向为 Z 轴正方向，如图 9-19 所示。与正方向相反的方向加“′”表示，例如 $+X'$、$+Y'$、$+Z'$。

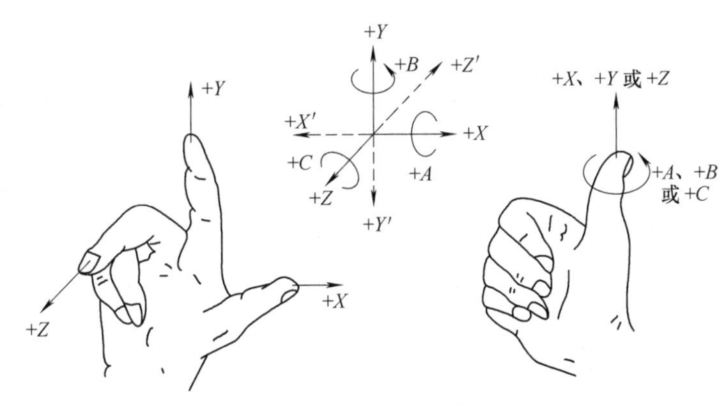

图 9-19　右手笛卡儿直角坐标系

1. 坐标轴及其运动方向

不论机床的具体结构是工件静止、刀具运动，还是工件运动、刀具静止，数控机床的坐标系运动方向指的都是刀具相对于静止的工件运动。

（1）Z 轴　一般取产生切削力的主轴轴线为 Z 轴，刀具远离工件方向为正向。

（2）X 轴　一般为水平方向，位于平行于工件装夹面的水平面内且垂直于 Z 轴。对于数控铣床，当 Z 轴为立式时，人面对主轴，向右为正 X 方向；当 Z 轴为卧式时，人面对主轴，向左为正 X 方向。

（3）Y 轴　根据已确定的 X、Z 轴，按右手笛卡儿直角坐标系确定。

2. 坐标原点

（1）机床原点　数控机床都有一个基准位置即机床原点，是机床坐标系的原点，即 $X=0$、$Y=0$、$Z=0$ 的点。它是机床制造厂家设置在机床上的一个物理位置。每台机床的机床原点是固定的，一般设在主轴前端的中心，数控铣床的原点有的设在机床工作台中心，有的设在进给行程范围的终点。其作用是使机床与控制系统同步，建立测量机床运动坐标的起始点。

(2) 机床参考点　与机床原点相对应的还有一个机床参考点，用 R 来表示，也是机床上的一个固定点。机床的参考点与机床的原点不同，是用于对机床工作台、滑板以及刀具相对运动的测量系统进行定标和控制的点，如加工中心的参考点为自动换刀位置，数控车床的参考点是指车刀退离主轴端面和中心线最远并且固定的一个点。

(3) 工作坐标系、程序原点和对刀点　工作坐标系是编程人员在编程时使用的，编程人员选择工件上的某一已知点为原点（也称程序原点），建立一个新的坐标系，称为工件坐标系。工件坐标系一旦建立一直有效，直到被新的工件坐标系所取代。

工件坐标系原点选择应尽量满足编程简单、尺寸换算少、引起的加工误差小等条件。一般情况下，以坐标式尺寸标注的零件程序原点应选择在尺寸标注的基准点；对称零件或以同心圆为主的零件程序原点应选在对称中心线或圆心上；Z 轴的程序原点通常选在工件上表面。

对刀点是零件程序加工的起始点，对刀的目的是确定程序原点在机床坐标系中的位置。对刀点可与程序原点重合，也可在任何便于对刀之处，但该点与程序原点之间必须有确定的坐标联系。

9.4.3　数控铣床编程基础

1. 数控加工程序

生成数控机床加工零件的数控程序的过程称为数控编程。数控编程步骤如下：

1）分析零件图和工艺处理。对零件图进行分析以明确加工内容及要求，确定该零件是否适合采用数控机床进行加工，确定加工方案，包括选择合适的数控机床、设计夹具、选择刀具、确定合理的进给路线以及选择合理的切削用量等。

2）数学处理。根据零件图样的几何尺寸、加工路线和设定的坐标系，计算刀具中心运动轨迹，以获得刀位数据。计算的复杂程度取决于零件的复杂程度和所用数控系统的功能。一般的数控系统都具有直线插补和圆弧插补的功能，当加工由圆弧和直线组成的简单零件时，只需计算出零件轮廓的相邻几何元素的交点或切点的坐标值，得出各几何元素的起点、终点和圆弧的圆心坐标值。具有特殊曲线的复杂零件可利用计算机进行辅助计算。

3）编写零件加工程序单。根据计算的加工路线数据和确定的工艺参数、刀位数据，结合数控系统对输入信息的要求，按数控系统的指令代码和程序段格式编写加工程序单。

4）程序输入。有手动数据输入、介质输入、通信输入等方式，具体输入方式主要取决于数控系统的性能及零件的复杂程度。对于不太复杂的零件常采用手动数据输入（MDI）。介质输入方式是将加工程序记录在穿孔带、磁盘、磁带等介质上，用输入装置一次性输入。现代数控系统可通过网络将数控程序输入数控系统。

5）校验。输入数控系统程序后经试运行，校验程序语法、加工轨迹等是否正确。

2. 编程格式

以数控铣床（XK7130）为例，该铣床使用的是 GSK928MA 钻铣床数控系统。工件加工程序是由若干个加工程序段组成的。每个加工程序段定义主轴转速功能（S 功能），刀具功能（H 刀长补偿，D 刀具半径补偿），辅助功能（M 功能）和快速定位/切削进给的准备功能（G 功能）等。

每个程序段由若干个字段组成，字段以一个英文字符开头后跟一个数值，程序段以字段

N 开头（程序段号）然后是其他字段，最后以回车（Enter）结尾。举例：

加工程序 P10（10 号加工程序）：

N10 G0 X50 Y100 Z20」 段 10，快速定位。

N20 G91 G0 X-30 Z-10」 段 20，相对编程，快速定位。

N30 G1 Z-50 F40」 段 30，直线插补（直线切削）。

N40 G17 G2 X-10 Y-5 R10」 段 40，圆弧插补。

N50 G0 Y60 Z60」 段 50，快速定位。

N60 G28 X0 M2」 段 60，回加工起点，程序结束

其中 N30，G1，Z-50，F40 等称为字段，字段开头的字符表示字段的意义，后面的数值为字段的取值。为了表达取值的范围，这里用 N4 表示字段 N 取值范围为 4 位整数（0~9999），（而 X±5.2 取值范围为-99999.99 至+99999.99，即最多 5 位整数位和最多两位小数位，可+ 或-。）

本系统程序段的格式为：

/ N5 X±5.2 Y±5.2 Z±5.2 A±5.2 C±5.2 I±5.2 J±5.2 K±5.2 U5.2 V5.2 W5.2 P5 Q5.2 R±5.2 D1 H1 L5 F5.2 S2 T1 M2

其中，/—— 可跳程序段符号，必须在开头，运行加工程序时，若跳段（SKIP）键生效 [对应操作面板跳段（SKIP）指示灯亮]，则系统将跳过，即不执行含有“/”的程序段。

N—— 程序段号（0~65536）可缺省，若有 N 则必须是程序段的第一个代码（DNC 时可省略 N）。

X，Y，Z，A，C—— 范围在 -99999.99~99999.99 的各轴坐标位置，可为相对值（G91 状态时）或绝对值（G90 状态）。

I，J，K——圆弧插补时，圆心相对于起点的距离。

U，V，W，Q——固定循环 G 功能中使用的数据，一般要求大于零。

P——延时时间，程序段号，参数号等。

R——圆弧半径，固定循环 G 功能中用来定义 R 基准面位置。

D——刀具半径编号（0~9），用于刀具半径补偿。

H——刀具长度编号（0~9），用于刀具长度补偿。

L——调用子程序的循环次数，钻孔的孔数等。

F——加工切削进给速度，单位为 mm/min，或 mm/r。

S——主轴转速。

T——换刀功能。

M——主轴起停，水泵起停，用户输入/输出等辅助功能。

G——准备功能，同一程序段中可同时出现几个定义状态的 G 指令和一个动作 G 指令。程序段使用自由格式，除要求“/”“N”在开头之外，其他字段（字母后跟一数值）可按任意顺序存放。程序段以回车（ENTER）键作为结束符。

3. 常用的加工程序指令

常用的加工程序指令有准备指令、辅助功能指令等。

（1）准备功能指令——G 指令。数控铣床的 G 代码见表 9-3。

表 9-3 数控铣床的 G 代码

指令字	功 能	指令字	功 能
G92	设置绝对坐标值	G25	设置 G61 的定点
G00	快速点定位	G38	背向伸长或缩短刀具半径
G01	直线插补	G17	选 *XY* 平面
G02	顺圆插补	G18	选 *ZX* 平面
G03	逆圆插补	G19	选 *YZ* 平面
G60	*ZYXZ* 返回上段程序	G90	指定绝对坐标编程
G26	*XYZ* 回程序起点	G91	指定增量坐标编程
G27	*X* 回程序起点	G36	比例放缩
G28	*Y* 回程序起点	G37	比例放缩取消
G29	*Z* 回程序起点	G40	取消刀具半径补偿
G30	*A* 回程序起点	G41	刀具在工件左侧补偿
G81	钻孔程序	G42	刀具在工件右侧补偿
G84	刚性攻螺纹循环	G43	刀具长度加补偿长度
G11	镜像设置	G44	刀具长度减补偿长度
G12	镜像取消	G49	取消刀具补偿
G61	回 G25 指令设置点	G45	加一个刀具半径进给

（2）辅助功能代码（M 代码）

辅助功能代码用地址字 M 加两位数字表示。这些代码主要用于规定机床加工时的工艺性指令，如主轴的停转、切削液的开关等。数控铣床的辅助功能代码见表 9-4。

表 9-4 数控铣床的辅助功能代码

指令字	功 能	指令字	功 能
M03	主轴顺转起动	M55	自定义开（模态、初态）
M04	主轴逆转起动	M54	自定义（模态）
M05	关主轴	M02	程序运行结束
M08	开切削液	M20	回起点、重复运行
M09	关切削液	M30	程序结束
M12	自定义输入检测+24V	M97	无条件程序转移
M13	自定义检测 0V	M98	无条件程序调用
M23	自定义开（模态、初态）	M99	子程序结束返回
M22	自定义关（模态）	M00	程序运行暂停

9.4.4 编程应用实例

编程是使用系统的参数（参数设置）的值作为程序段中的某些字段的值。利用参数的变化（G22 功能可对系统参数进行修改）机制，使这些字段的值成为可变的，再结合 G23 功能判参数值进行跳转，以实现复杂的加工循环程序的编制，或用户特殊的循环加工程序的编制。

系统参数共有 99 个，参数的编号为 1~99，对于编号为 1~84 的参数，用户在使用时要注意该参数的改变对系统相关功能的影响编号 85~99 的参数用户可自由使用。可以对字段 X，Y，Z，U，V，W，Q，F，I，J，K，R 进行参数编程，格式为字段的英文字母后面跟 * 号和参数编号。

注意：系统内部全部使用整数进行运算，0.01 对应内部整数 1，内部整数的范围是 -999999999~999999999，在使用 G22 进行运算时，要小心对待，并保证运不算溢出。

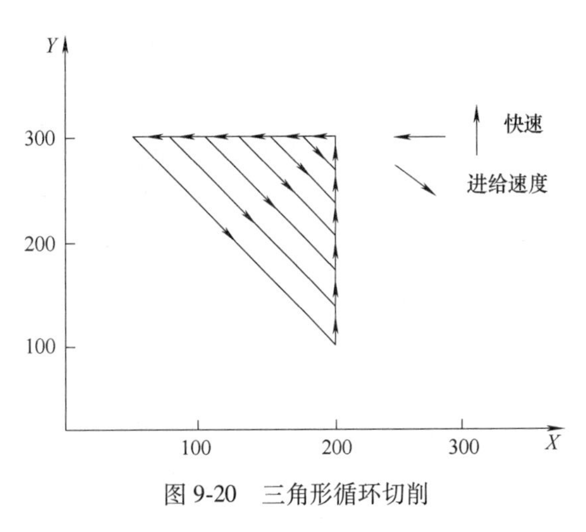

图 9-20 三角形循环切削

例如：N200G0X * 70Y * 71』，则字段 X 的值为 70 号参数的值，Y 的值为 71 号参数的值。

利用参数编程实现三角形循环切削的功能，如图 9-20 所示。加工原点 *XY* 平面的坐标为 (200.00，300.00)，刀具已处于加工原点，加工程序如下：

N10 G0 X200 Y300 Z0』	（快速定位）
N30 G22 P62 X8 L1』	（62 号参数=8.00：*X* 轴方向的初始进刀量）
N40 G23 P62 Z150 L60』	（判断：*X* 轴方向的总进给量<150.00 ？）
N50 G22 P62 X150 L1』	（否，进给量 P62=150.00 ）
N60 G22 P61 X * 62 Y200 Z150 L14』	（61 号参数：*Y* 轴方向进给量=L62 * 200/150）
N90 G22 P60 X * 62 L2』	（60 号参数：= － P62 ）
N100 G22 P79 X * 61 L2』	（79 号参数：= － P61 ）
N110 G91 G0 X * 60』	（*X* 轴快进）
N120 G1 X * 62 Y * 79』	（斜线切削）
N130 G0 Y * 61』	（*Y* 轴方向快回零点）
N140 G23 P62 X150 L180』	（若 *X* 轴方向总进给量=150，则循环结束）
N150 G22 P62 X8 L4』	（*X* 轴方向进给量+8.00 ）
N160 M92 P40』	（转程序段 N40 继续循环）
N170 M2』	（循环结束：停主轴，程序结束）

9.4.5 数控铣床操作

1. 操作面板

以 GSK928MA 数控系统操作面板功能键为例，如图 9-21 所示。

2. 数控铣床操作步骤

（1）开机 开机后进行如下操作：①检查机床状态是否正常；②检查电源电压是否符合要求；③按下“急停”按钮；④机床上电；⑤数控上电；⑥检查风扇电动机运转是否正常；⑦检查面板上的指示灯是否正常。

（2）安装工件（毛坯） 利用手动方式尽量把 *Z* 轴抬高，利用手柄将工作台降低，装上机用平口钳并进行调整后把机用平口钳紧固在工作台上。装上工件并紧固，根据加工高度调整工作台的位置并锁紧。

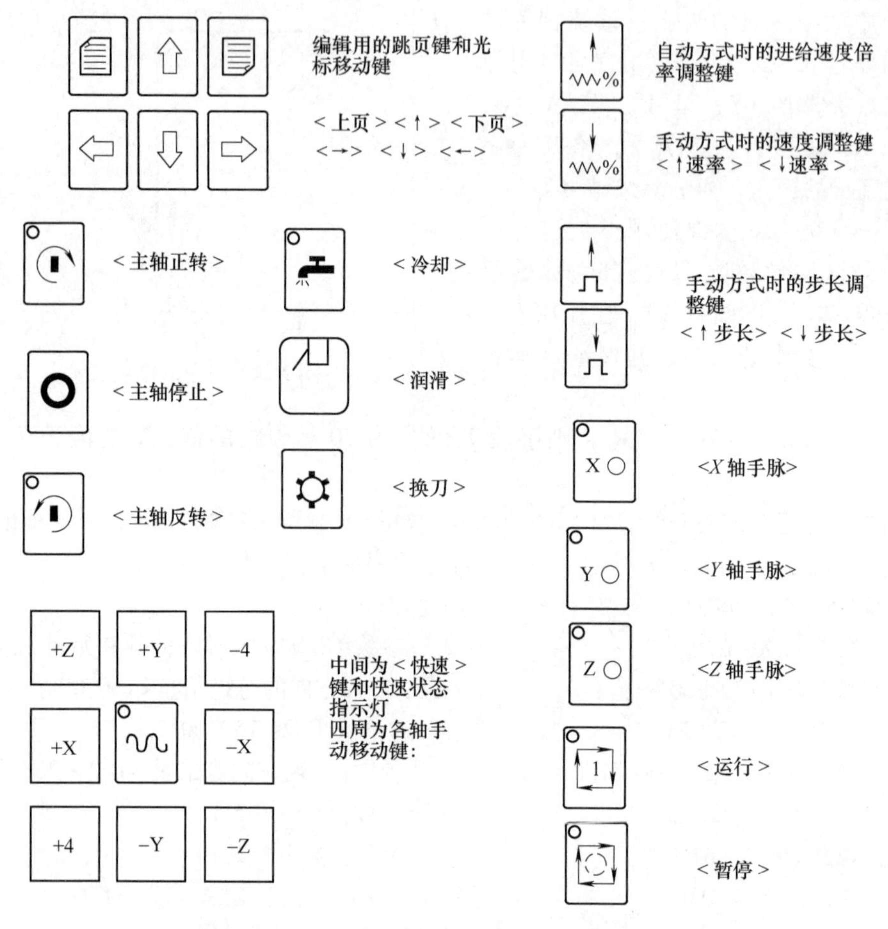

图 9-21 GSK928MA 操作面板功能图

(3) 输入程序 将数控加工程序（x. nc）输入数控系统，由于使用的数控系统不同，输入方式也会有差异。

(4) 对刀 确定对刀点在机床坐标系中位置的操作称为对刀。对刀的准确程度将直接影响零件加工的位置精度，因此对刀一定要仔细认真操作。为了保证零件的加工精度，对刀点应尽可能选在零件的设计基准或工艺基准上。首先让刀具在工件的左右碰刀，使刀具逐渐靠近工件，并在工件和工件间放一张纸来回抽动，如果感觉到纸抽不动了，说明刀具与工件的距离已经很小。将手动速率调节到 1μm 或 10μm 上，使刀具向工件移动，用塞尺检查其间隙，直到塞尺通不过为止，记下此时的 X 坐标值。把得到的左右 X 坐标值相加并除以 2，此时的位置即为 X 轴 0 点的位置。Y 轴同样如此。利用工件的上平面向刀具接触来确定 Z 轴的位置。在实际生产中，常使用百分表及寻边器等工具进行对刀。

(5) 加工 选择自动方式，按下循环起动按钮，铣床便进行自动加工。加工过程中要注意观察切削情况，并随时调整进给速率，保证在最佳条件下切削。

(6) 关机 加工完毕后，卸下工件，清理机床，关机。

9.5　加工中心

加工中心是一种功能较全的数控加工机床，它把铣削、镗削、钻削、攻螺纹和切削螺纹等功能集中在一台设备上，使其具有多种工艺手段。

9.5.1　加工中心的组成

同类型的加工中心与数控铣床的结构布局相似，主要在刀库的结构和位置上有区别，一般由主轴电动机、主轴、主轴箱、工作台、底座、立柱、刀库、操作面板、滑座等组成，如图 9-22 所示。

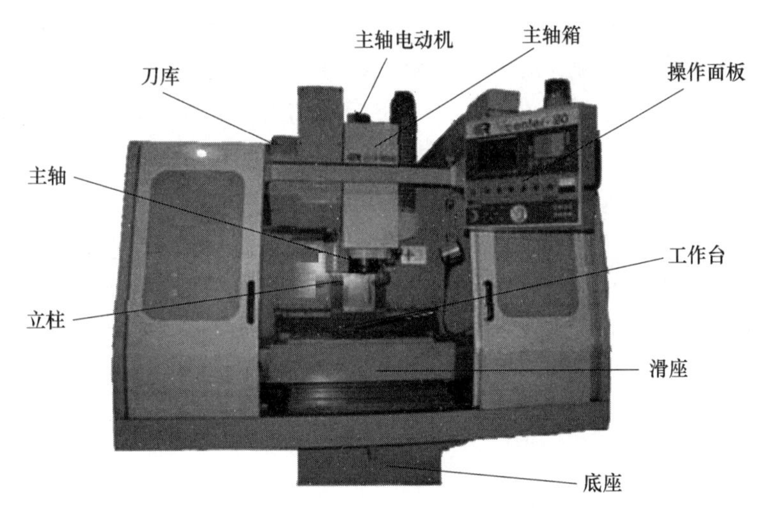

图 9-22　加工中心的组成

9.5.2　加工中心的机构特点

加工中心本身的结构分两大部分：一是主机部分，二是控制部分。

主机部分主要是机械结构部分，包括：床身、主轴箱、工作台、底座、立柱、横梁、进给机构、刀库、换刀机构、辅助系统（气液、润滑、冷却）等。

控制部分包括硬件部分和软件部分。硬件部分包括：计算机数字控制装置（CNC）、可编程序控制器（PLC）、输出/输入设备、主轴驱动装置、显示装置。软件部分包括系统程序和控制程序。

加工中心结构上的特点是：

1）机床的刚度高、抗振性好。为了满足加工中心高自动化、高速度、高精度、高可靠性的要求，加工中心的静刚度、动刚度和机械结构系统的阻尼比都高于普通机床（机床在静态力作用下所表现的刚度称为机床的静刚度；机床在动态力作用下所表现的刚度称为机床的动刚度）。

2）机床的传动系统结构简单，传递精度高，速度快。加工中心传动装置主要有三种，即滚珠丝杠副；静压蜗杆—蜗轮条；预加载荷双齿轮—齿条。它们由伺服电动机直接驱动，省去齿轮传动机构，传递精度高，速度快。

3）主轴系统结构简单，无齿轮箱变速系统（特殊的也只保留 1~2 级齿轮传动）。主轴功率大，调速范围宽，并可无级调速。目前加工中心 95%以上的主轴传动都采用交流主轴伺服系统，速度可在 10~20000r/min 范围内无级变速。驱动主轴的伺服电动机功率一般都很大，是普通机床的 1~2 倍。由于采用交流伺服主轴系统，主轴电动机功率虽大，但输出功率与实际消耗的功率保持同步，不存在“大马拉小车”那种浪费电力的情况，因此其工作效率最高，从节能角度看，加工中心又是节能型的设备。

4）加工中心的导轨都采用了耐磨损材料和新结构，能长期保持导轨的精度，在高速重切削下，保证运动部件不振动，低速进给时不爬行及运动中的高灵敏度。

5）设置有刀库和换刀机构。这是加工中心与数控铣床和数控镗床的主要区别，使加工中心的功能和自动化加工的能力更强了。加工中心的刀库容量少的有几把，多的达几百把。这些刀具通过换刀机构自动调用和更换，也可通过控制系统对刀具寿命进行管理。

6）控制系统功能较全。它不但可对刀具的自动加工进行控制，还可对刀库进行控制和管理，实现刀具自动交换。有的加工中心具有多个工作台，工作台可自动交换，不但能对一个工件进行自动加工，而且可对一批工件进行自动加工。这种多工作台加工中心有的称为柔性加工单元。随着加工中心控制系统的发展，其智能化的程度越来越高，如 FANUCl6 系统可实现人机对话、在线自动编程，通过彩色显示器与手动操作键盘的配合，还可实现程序的输入、编辑、修改、删除，具有前台操作、后台编辑的前后台功能。加工过程中可实现在线检测，检测出的偏差可自动修正，保证首件加工一次成功，从而可以防止废品的产生。

参 考 文 献

[1] 刘元义. 机械工程训练 [M]. 北京：清华大学出版社，2011.
[2] 郭术义. 金工实习 [M]. 北京：清华大学出版社，2011.
[3] 于兆勤，郭钟宁，何汉武. 机械制造技术训练 [M]. 2版. 武汉：华中科技大学出版社，2015.
[4] 王贵成，张银喜. 精密与特种加工 [M]. 2版. 武汉：武汉理工大学出版社，2003.
[5] 杨树川，董欣. 金工实习 [M]. 武汉：华中科技大学出版社，2013.
[6] 侯伟. 金工实习 [M]. 武汉：华中科技大学出版社，2013.
[7] 周桂莲，付平. 工程实践训练基础 [M]. 西安：西安电子科技大学出版社，2013.
[8] 刘军明，刘琛. 金工实习 [M]. 北京：煤炭工业出版社，2012.
[9] 曾海泉，刘建春，吴新良，等. 工程训练与创新实践 [M]. 北京：清华大学出版社，2015.
[10] 魏斯亮，邱小林. 金工实习 [M]. 2版. 北京：北京理工大学出版社，2016.
[11] 车建明，李清，王玉果，等. 机械工程基础 [M]. 天津：天津大学出版社，2013.
[12] 王栓虎，史炯煜，袁春华. 车工简明实用手册 [M]. 南京：江苏科学技术出版社，2008.
[13] 萧泽新，陈宁，欧笛声. 金工实习教材 [M]. 2版. 广州：华南理工大学出版社，2009.
[14] 金碚. 中国制造2025 [M]. 北京：中信出版集团，2015.
[15] 吴晓波，朱克力. 读懂中国制造2025 [M]. 北京：中信出版集团，2015.